中国工程院科技扶贫职业教育系列丛书

柑橘优质栽培技术

杨学虎 主 编

中国农业出版社
北 京

编写人员名单

主　　编　杨学虎

副 主 编　朱映安　李春华

编写人员（按姓氏笔画排序）

马春花　王仕玉　王梓然　朱映安　许建辉
李　琦　李文祥　李作森　李春华　杨学虎
杨冠松　吴　涛　吴兴恩　何　俊　张玉琼
张宏瑞　洪明伟

序

习近平总书记指出："扶贫先扶智"。我国西南边疆直过民族聚居区，农业生产资源丰富，是不该贫困却又深度贫困的地区，资源性特长与素质性短板反差极大，科技和教育扶贫是该区域脱贫攻坚的重要任务。为了提高广大群众接受新理念、新事物的能力，更好地掌握农业实用技术知识，让科学技术在农业生产中转化为实际生产力，发挥更大的作用，达到精准扶贫的目的，中国工程院立足云南澜沧县直过民族地区，开设院士专家技能培训班，克服种种困难，大规模培养少数民族技能型人才，取得了显著的成效。

培训班围绕澜沧地区特色农业产业，淡化学历要求，放宽年龄限制，招收脱贫致富愿望强烈的学员，把课堂开在田间地头，把知识融于技术操作，把课程贯穿农业生产全流程，把学员劳动成果的质量、产量和经济效益作为答卷。通过手把手的培训，工学结合，学员们走出一条"学习—生产—创业—致富"的脱贫之路，成为实用技能型人才、致富带头人，并把知识和技能带回家乡，带动其他农户，共同创业致富。

为了更好地把科学技术送进千家万户，送到田间地头，满足广大群众求知致富的需求，院士专家团队在中国工程院、云南省财政厅、科技厅、农业农村厅等单位的大力支持下，在充分考虑云南省农业产业特点及读者学习特点的基础上，聚焦冬季马铃薯、林下三七、蔬菜、柑橘、中草药、热带果树、农村肉牛、肉鸡蛋鸡、生猪等具体产业，编著了"中国工程院科技扶贫职业教育系列丛书”共15分册。本套丛书涉及面广、内容精炼、图文并茂、通俗易懂，具有非常强的实用性和针对性，是广大农民朋友脱贫致富的好帮手。

科学技术是第一生产力。让农业科技惠及广大农民，让每一本书充分发挥在农业生产实践中的技术指导作用，为脱贫攻坚和乡村振兴贡献更多的智慧和力量，是我们所有编者的共同愿望与不改初心。

丛书编委会

2020年6月

前言

云南省提出构建高原特色农业产业科技支撑体系，通过科技创新驱动高原特色农业产业化发展，要充分利用云南的地理优势、气候优势、物种优势、开放优势等，打造在全国乃至世界有优势、有竞争力的绿色战略品牌，增强农业发展的动力和活力，努力走出一条具有云南高原特色的农业现代化道路。

为探索有云南高原特色的农业发展方式、反映云南高原特色农业实践特征的教科书，本书编写人员经过多年生产实践，针对目前云南柑橘产业发展中普遍存在的问题，以优质栽培技术理论为基础，以生产生态优质果品为目标，不断地汲取国内外先进的栽培管理理论、技术，走云南柑橘优质生产道路。本书为专业书籍，其目的在于更好地规范柑橘育苗、定植、园地选择以及栽培管理技术，用通俗易懂的语言阐述了柑橘优质栽培管理技术的专业知识，并在知识点中融入了新方法和新技术。

本书获得了国家自然科学基金项目（项目编号：31660556）的支持，汇集了编著者多年科研成果及生产实践经验，图文并茂，通俗易懂，对于柑橘优质栽培管理具有较高的参考价值，可供广大橘农和相关领域的基层科技工作者学习和参考。在编写过程中难免有疏漏之处，敬请广大读者批评指正。

编　者

2020年7月于云南农业大学

目录

序
前言

第一章 柑橘简介 …… 1
一、什么是柑橘 …… 1
二、柑橘优良品种 …… 1
第二章 柑橘育苗 …… 5
一、嫁接育苗 …… 5
二、扦插育苗 …… 13
三、苗木出圃 …… 14
第三章 柑橘园建园 …… 16
一、建园原则 …… 16
二、园地规划 …… 16
第四章 柑橘园管理 …… 22
一、土壤管理技术 …… 22
二、施肥管理技术 …… 25
三、水分管理技术 …… 27
四、水肥一体化管理技术 …… 30

五、花果管理技术 …… 30
第五章　整形修剪 …… 34
一、主要树形 …… 34
二、修剪时期和方法 …… 36
三、各个时期的修剪要点 …… 38
第六章　果实采收及采后处理 …… 41
一、果实采收 …… 41
二、采后处理 …… 42
第七章　柑橘主要病虫害 …… 45
一、柑橘主要病害 …… 45
二、柑橘主要虫害 …… 55
附表　柑橘栽培管理作业历 …… 69
参考文献 …… 73

第一章　柑橘简介

一、什么是柑橘

柑橘是指芸香科柑橘亚科柑橘属植物，主要包括橘子、椪柑、橙子、柚子、柠檬、香橼等水果。其近亲有澳洲沙漠橘属、澳洲指橘属、澳洲多蕊橘属和枳属、金柑属 5 个属。

柑橘属是柑橘类果树中最重要的一属，种类、品种极为丰富，主要有大翼橙类（包括红河橙、大翼橙和大翼厚皮橙）、宜昌橙类（包括宜昌橙、香橙、香圆）、枸橼类（包括枸橼或香橼、檸檬或楠檬、柠檬、来檬）、柚类（包括柚、葡萄柚）、橙类（包括甜橙、酸橙）、宽皮橘类（包括橘类和柑类）等。

二、柑橘优良品种

柑橘优良品种

柑橘主要优良种类有甜橙类、宽皮柑橘类、柚类、柠檬类及香橼类。

（一）甜橙类

甜橙类的优良品种有冰糖橙、雪柑、哈姆林甜橙、华盛顿脐橙、纽荷尔脐橙、丽娜脐橙、红玉血橙、脐血橙、伏令夏橙等。

冰糖橙（左）、脐橙（中）和血橙（右）

（二）宽皮柑橘类

宽皮柑橘类的优良品种有椪柑、南丰蜜橘、红橘、砂糖橘、温州蜜柑、杂柑类、不知火等。

椪柑（左上）、温州蜜柑（右上）、砂糖橘（左下）、沃柑（中下）和不知火（右下）

（三）柚类

柚类的优良品种有沙田柚、琯溪蜜柚、文旦柚、胡柚、曼厅柚等。

沙田柚（左）、文旦柚（右）

(四) 柠檬类

柠檬类的优良品种有尤力克、里斯本、北京柠檬、来檬等。

尤力克（左上）、里斯本（右上）、北京柠檬（左下）、来檬（右下）

（五）香橼类

香橼类的优良品种有香橼和佛手等。

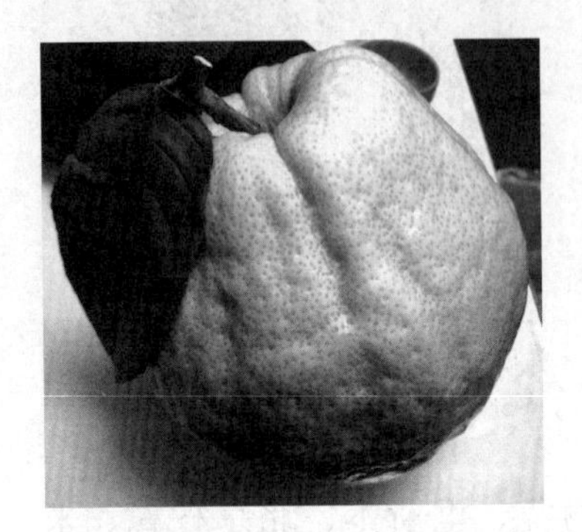

香橼（左）、佛手（右）

第二章　柑橘育苗

一、嫁接育苗

（一）砧木

1. 什么是砧木

砧木是果树的基础，不同砧木对果树的生长势、产量、品质、成熟期、抗逆性和叶片营养水平等都有很大的影响。

2. 砧木的作用

（1）砧木能增强树体的抗寒性、抗病虫性、耐盐碱性等。

（2）矮化砧能矮化树体，便于人工和机械操作，还能提高品质和产量。

（3）砧木具有发达的根系，能增强水分和养分的吸收能力，还有固地功能。

3. 主要砧木种类

（1）枳。用于嫁接温州蜜柑、瓯柑、椪柑、红橘、南丰蜜橘、甜橙等。

（2）枳橙。主要用于嫁接甜橙、温州蜜柑。

（3）酸橘。主要用于嫁接甜橙、蕉柑、椪柑等。

（4）红橘。主要用于嫁接椪柑、蕉柑、甜橙等。

（5）红柠檬。主要用于嫁接柠檬。

（6）柚。主要用于嫁接柚。

其中，枳和枳橙最为常用。

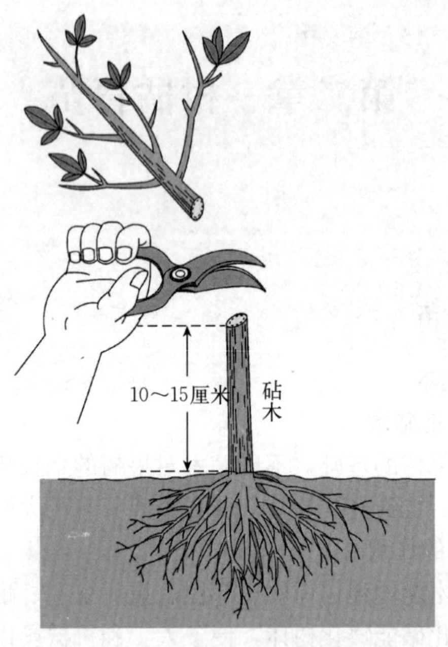

砧　木

4. 砧木苗的培育

(1) 采种。果实成熟时，采摘鲜果，切开鲜果，取出种子，淘净果渣、果胶，将种子清洗干净，置于阴凉通风处摊晾至种皮发白，收集贮存或装运。

① 干藏。将种子洗净晾干，放入0.125%的福美双溶液中浸泡10分钟，种子沾满药液后阴干，放入聚乙烯袋内密封贮存，1.5～7.5℃条件下可贮存8个月。

② 沙藏。将种子和清洁河沙分层或混合贮藏，河沙含水量以手捏成团、落地即散为宜。种子与河沙的体积比为1∶4，混合后堆于干燥且排水良好的地面，高度以40厘米左右为宜，上覆薄膜保湿。每7～10天翻动1次，保持适宜湿度并剔除变质种子。

③ 种子消毒。播种前将种子放入 50 ℃左右的温水中浸泡 10 分钟，用灭菌剂（如 50%的福美双可湿性粉剂）处理 10 分钟，用 0.1%的高锰酸钾溶液消毒 10 分钟，再用清水冲洗后播种。

（2）播种。

① 苗圃选地。育苗场地应选择地势平坦、土层深厚肥沃、水源和交通便利、无病虫害的地方。

② 播种期。露地砧木苗宜在春、秋两季播种，在 20～25 ℃条件下发芽需要 7～10 天。保护地可随时播种。

③ 播种量。一般情况下枳、枳橙每亩* 用种量为 70～100 千克。

④ 苗床育苗。播种苗床高 15 厘米、宽 1 米。土壤用经过消毒的沙壤土，种子可纵向撒播或横向条播于苗床上，胚芽朝下可减少主根弯曲现象。然后覆盖 1.5 厘米厚的营养土或腐熟畜粪与壤土的混合土。浇水后用薄膜拱棚保温保湿。

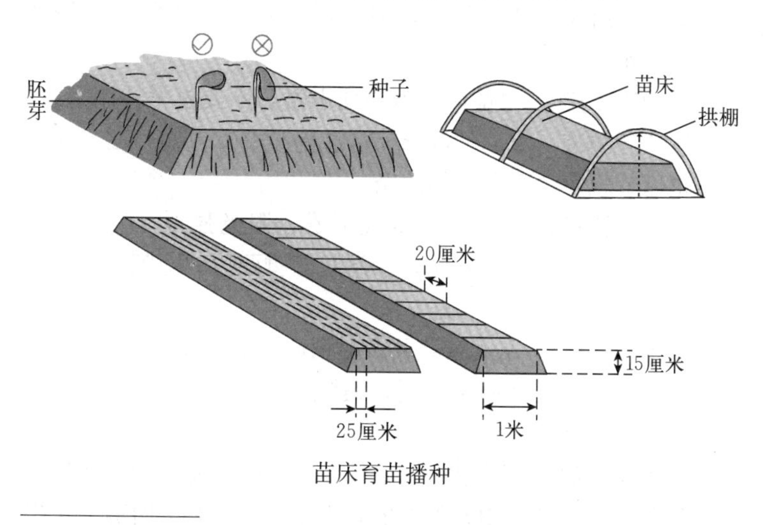

苗床育苗播种

* 亩为非法定计量单位，1 亩≈667 米^2。——编者注

⑤ 营养钵（袋）育苗。营养土可用1/4果园表土、1/4腐熟有机肥、1/4草炭土或椰糠、1/4珍珠岩或蛭石，混合均匀后经消毒装入营养钵（袋）内。种子经消毒、催芽后播入营养钵（袋）内，深度以1.5厘米为宜，播种后将营养钵（袋）放置于温室大棚中。

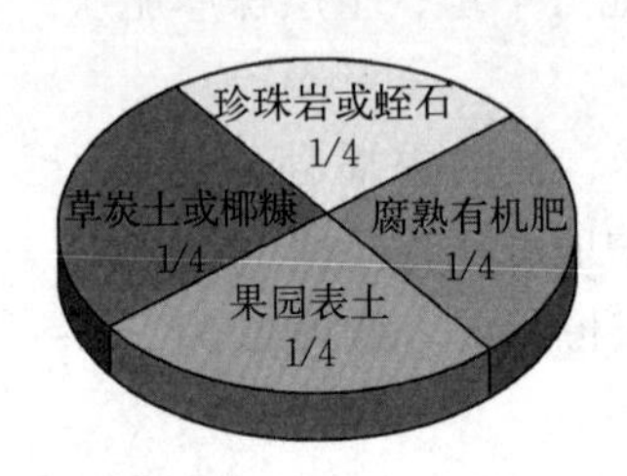

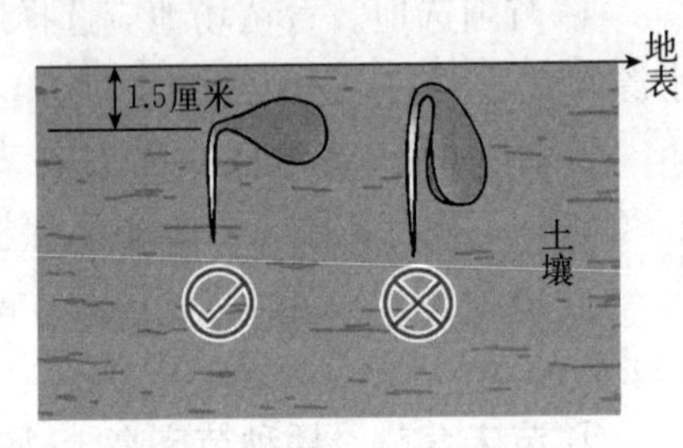

营养钵（袋）育苗

(3) 播后管理。

① 浇水防旱。播后3～5天，抽样检查，如果草下的土壤已无湿气，就及时浇水保湿，浇水要“细”而“透”，不浇猛水和表皮水。

② 盖膜防冻。出苗后，若霜期未过，不要过早拆棚揭膜，应继续罩膜防冻。如遇低温寒流温度降至0℃左右，棚上还应加盖草席或稻草，以免冻坏幼苗。

③ 遮阳防灼。3月后，空气干燥，阳光强烈，中午气温高，苗床上应罩黑色遮阳网，并卷起棚脚两边的薄膜，通风散热，以免高温烧苗。

④ 除草追肥。苗间杂草要及时清除，并每个月浅耕1次，疏松土壤。苗长到8厘米高后，每隔10～15天追施速效肥料1次，直至移栽前。

⑤ 移栽小苗。灌水和遮阳条件好的，小苗长到10～15厘米高时移栽；灌溉和遮阳条件差的，雨季移栽。移栽时剪去主根下部1/4～1/3的根尾，进行“断根”，以促发侧根。移栽密度

为株距 5～6 厘米、行距 30 厘米。栽后浇透定根水，并用遮阳网遮阳，以提高移栽成活率。

⑥ 病虫害防控。苗期应注意对立枯病等病害，蝇蛆、黄蚂蚁、蛴螬等地下害虫的防控。

（二）接穗的采集、贮藏与处理

接穗采自品种优良、无病虫害的健壮母树外围的夏梢和春梢，采下后应立即剪去叶片，每 50～100 条扎成 1 捆，用消毒后的湿毛巾包裹，最好即采即用，马上嫁接。如需贮藏 2 天以上，可用干净的湿毛巾包裹枝条，再用塑料袋密封，每 100 枝 1 袋，然后装入泡沫箱中，在阴凉处贮藏，可存放 4～7 天。

（三）嫁接技术

1. 嫁接时期与方法

以早春和夏、秋嫁接较好。一般采用方块形芽接或单芽腹接。嫁接高度应不低于 10 厘米，最好在 15～25 厘米，提高嫁接高度可以有效预防脚腐病。

2. 嫁接前的准备

嫁接前 5～7 天，浅耕苗床，疏松土壤，除净杂草，清除砧木下端干上 15 厘米段内的枝刺萌蘖，结合浇水，追施 1 次速效氮肥，以提高嫁接后生成愈伤组织的能力。

3. 嫁接工具和材料

准备好嫁接用的枝剪、嫁接刀和塑料薄膜，薄膜以 2～4 丝厚、韧性好的为宜。扎膜宽 1.2～1.5 厘米。

4. 嫁接方法

（1）切接。嫁接时，把砧木在距地面 10～15 厘米处的光滑纹顺段上剪断，在最平直的一边，沿木质部平直切下一条接口，切面长 2.0～2.5 厘米，厚度为稍带木质部，将削好的接穗插入接口中，对齐一边的形成层，用 1.5～2.0 厘米宽的薄膜条由下而上把接口全部封严扎紧，接穗顶端剪口用防水剂涂严，以减少水分蒸发，避免接穗失水皮缩，提高成活率。

接穗的削法：在接穗最平的一面，从芽基向下削一平整削面，长 1.5～2.0 厘米，深以削面呈黄白色为宜（呈绿色为过薄，呈白色为过厚），然后在削面背面削一 0.5 厘米长的陡削面，呈 45°，上端从芽上 1 厘米处剪断即成。接穗可在嫁接时接一个削一个，也可事先削好后用干净的湿毛巾包裹，接时从中接一个取一个。

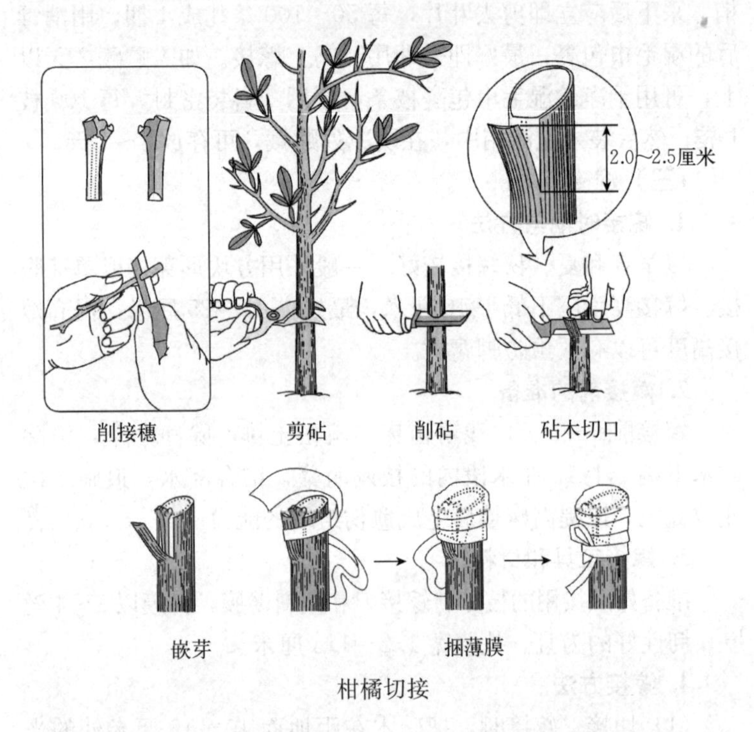

柑橘切接

（2）腹接。在砧木距地面 10～15 厘米的光滑顺直段上，斜切一个长 2.5 厘米、深达木质的接口，轻轻插入接穗，使接穗长削面一边的形成层紧贴砧木一边的形成层，削面要全部插入接口，然后用薄膜封严扎紧并涂顶。接穗的削法与切接相同。

(3) 芽接。芽接又叫芽片腹接、小芽腹接和贴芽接。在砧木距地面10～15厘米处，向下纵切一个长1.5～2.0厘米的接口，深稍带木质部，切面需平整光滑，然后切去外皮长度的2/3，留下1/3衔夹接芽。接芽长1.5～1.8厘米，削面要平整光滑，厚度以现“青心、蓝底、白边”为佳。接芽削好后，插入接口，对准形成层，用1.2～1.5厘米宽的薄膜把接口封严扎紧。砧木较粗的和8月中旬前嫁接的，只封严接口，露出接芽，以便接芽萌发抽梢；砧木细的和在8月中旬后嫁接的，可将接芽一同包扎，待接口愈合后翌年第一次剪砧时，再将薄膜解除。

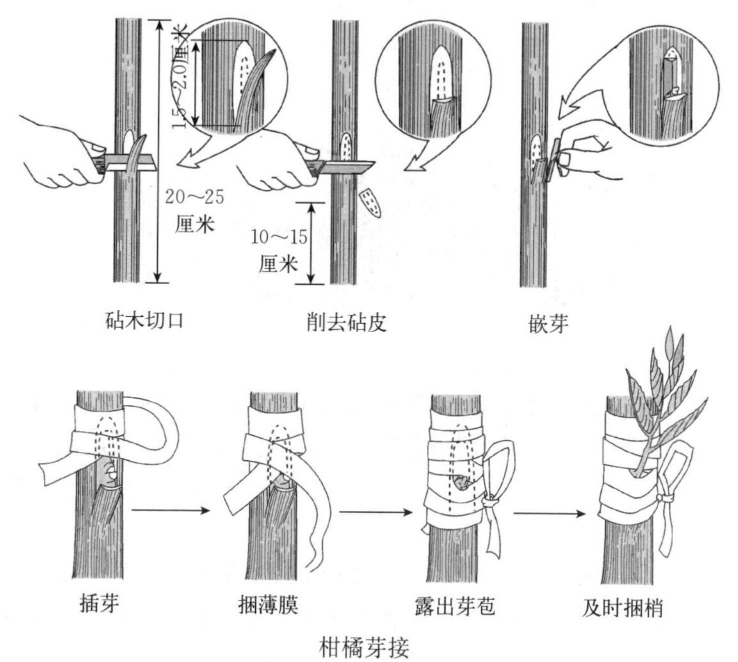

柑橘芽接

5. 接后管理

(1) 补接。接后15～20天检查，凡接穗或接芽同嫁接时一样保持绿色、叶柄一触即整个脱落的，则是成活的；反之，若接穗呈枯黄色、叶柄触而有弹性不掉落的，是未成活的，应及时补接。

（2）除萌。砧木上萌发的萌蘖和脚枝要经常抹除，以免抑制接穗抽生的枝条生长和耗费养分。除萌时用枝剪剪除，切忌用手掰除，否则伤口太大影响接穗生长，或刺激副芽抽生更多的萌蘖。

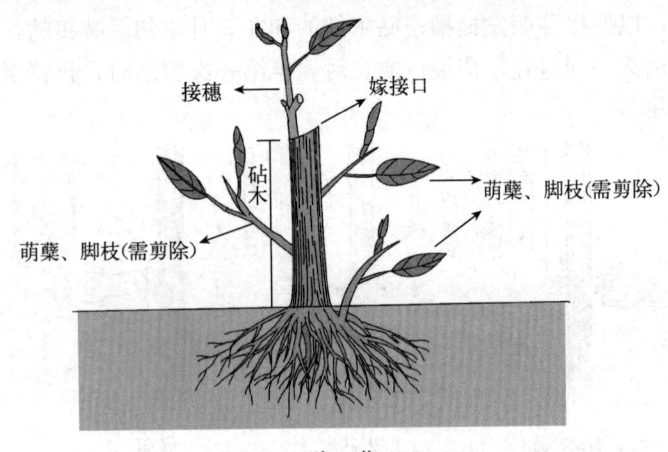

除　萌

（3）解膜。春、夏嫁接的，接芽萌发的枝条长到30～40厘米长时解膜；夏末秋初用小芽腹接的，接后20～30天解膜，以免高温高湿条件下烂芽；9—10月嫁接的，翌年春天剪砧时解膜。

（4）剪砧。除切接外，腹接和芽接的苗都要剪砧。第一次剪砧在接芽萌发前进行，距接芽1厘米左右剪除；第二次在接芽萌发的枝梢已木质化后进行，从距枝梢基部3毫米左右剪除，不能留桩过高、过低或过平，也不能挤伤接穗和接口。

（5）扶干。接芽萌发的枝梢如是歪斜的，应靠近砧木用木棍或竹棍插入土中作支柱，用绑扎带或细麻绳结“∞”形活扣，进行绑缚扶正，以免长成歪斜苗。

（6）整形。苗木长至50～60厘米高时，在距地面50厘米高处用摘心或剪梢进行定干，促其在剪口下10～25厘米的“整形带”上发3～5个分枝，用以培养主枝和整理成雏形。

（7）其他。参照前期培育砧木苗的方法，适时做好灌水追肥、中耕除草和病虫害防治等常规管理工作。提倡薄肥勤施，以氮肥为主，最好是浇施。

二、扦插育苗

枸橼类中的香橼、佛手、柠檬等的栅栏组织容易发根，用扦插法繁殖苗木，更能省事、省工和省时。

（一）基质准备

基质最好用蛭石或珍珠岩，其次为河沙或山沙，尽量不用泥土。把基质铺在苗床上，厚15～20厘米，用高锰酸钾1 000倍液消毒，整理平整作为扦插床。

（二）扦插时间

温室扦插在1—3月进行，露底扦插在7—9月进行。

（三）扦插方法

用一年生健壮老熟的春夏秋梢，剪成10～15厘米长的插条，顶端留1～2片全叶，捆成小扎，将下端放入10 000倍的ABT 2号生根粉，或2 500～5 000倍的吲哚乙酸或吲哚丁酸中，浸蘸3～5分钟，取出晾干，插入扦插床。以上激素先用乙醇溶解后再兑水稀释。扦插时将插条下部的2/3插入扦插床，上部1/3露出地面。

（四）插后管理

插后要做好浇水保湿工作，搭架盖黑色遮阳网防晒，温度保持在25～30 ℃、相对湿度保持在85%～95%，一般12天开始生长愈伤组织，30天生根，3个月萌发新梢，9个月苗高15～25厘米，1～2个分枝时移入苗床培育成大苗。

三、苗木出圃

（一）出圃时间

柑橘苗出圃分秋季、冬季、春季3次。秋季出圃在10—11月，冬季出圃在12月至翌年1月，春季出圃在2—3月。如是容器育苗，也可在夏季出圃。

（二）出圃流程

1. 保护根系

出圃前2天灌透水，挖苗时先顺着行向沿苗脚刨开深30厘米、宽25～30厘米的塘口，再顺着行向逐行取苗，尽量减少伤根断根，取苗后用1 500倍的甲基硫菌灵或1 000倍的多菌灵、百菌清喷根消毒后，再用黏泥浆蘸根。

2. 分级打捆，定数包装

按等级打捆，每捆50株或100株，并挂上写有品种名、级别、数量的标签，然后包装。

3. 做好遮阳保湿

用青苔或湿草席、湿稻草包裹出圃苗的根系后，放在阴凉处，运输途中要做好遮阳保湿和透风散热。若途中浇水，只能浇根，不能浇叶，以免引起大量落叶。

（三）苗木质量要求

（1）接穗和砧木品种纯正。

（2）不带检疫性病虫，无严重机械损伤。

（3）接合部愈合正常，砧穗生长平衡，亲和良好。

（4）生长健壮，发育充实，节间较短，叶片厚绿，主干直。

（5）根系发达，主根不卷曲打结，侧根发展平衡，须根多而新鲜。

（6）优良苗木的标准应符合农业农村部《柑橘嫁接苗分级及检验标准》（GB/T 9659—2008）。椪柑、温州蜜柑及甜橙嫁接苗一级标准见下表。

椪柑、温州蜜柑和甜橙嫁接苗一级质量标准

品种	砧木种类	株高/厘米	地径/厘米	主枝长/厘米	主枝数/条	根系	主根长/厘米	侧根数/条
椪柑	枳	≥60	≥1.0	≥20	≥3	发达	≥20	≥3
温州蜜柑	枳	≥60	≥0.8	≥20	≥3	发达	≥20	≥3
甜橙	枳	≥55	≥0.8	≥20	≥3	发达	≥20	≥3
	枳橙	≥60	≥1.0	≥20	≥3	发达	≥20	≥3

第三章　柑橘园建园

一、建园原则

（1）因地制宜，适销对路。

（2）水利、交通便利。

（3）科学规划，合理布局。

二、园地规划

（一）规划步骤

（1）实地考察。

（2）实测定点。

（3）绘制定植图。

（二）规划项目

1. 道路

（1）主路。坡度在7°以下，宽6～7米，能通大型汽车。

（2）支路。能通拖拉机和马车，宽4～5米。

（3）小路。日常进出果园的田间道路，宽1.5～2.0米。

2. 防护林

（1）主林带。设置在果园四周和园中地势较高的地方，与常年主风向垂直，每隔250～300米设置1道，宽7～8米，株行距均为1米，呈三角形栽植。

（2）副林带。与主林带垂直，为小区区界和支路的行道树，每边1行，株距1.0～1.5米。

（3）绿篱。又名围栏，用于防止牲畜进入果园踩踏果树和防盗。

3. 划分小区

小区面积，平地50～100亩，最大不超过120亩；山地30～50亩，最大不超过80亩；丘陵地40～60亩，最大不超过100亩。山地“依山顺势，随弯就凸”，充分利用土地，便于耕作即可，不必强求整齐划一。

4. 水利系统

水利灌排系统要做到沟渠相连，蓄、灌、排合理完整，达到旱季有水灌、雨季能排水、小雨不流失、中雨能蓄水、大雨不淹园、暴雨冲不垮的效果。并做好蓄水、提水、引水、输水和排水的配套设计方案，以便照此修建。

5. 水土保持

（1）10°以下的缓坡地和平地，直接打点挖塘种植，栽后行间间套作矮秆作物来保持水土。

（2）11°～15°的小斜坡地，按等高线种植后再修“鱼鳞台”或“撩壕”。

（3）16°以上的大斜坡地和陡坡地，先修梯地后种果树。地形较规整的，修成梯面等宽、梯壁等高、梯埂笔直的规范梯地。

6. 品种配置

要按照因地制宜的原则，参考市场的发展趋势，选栽适地、适树、适销的种类和品种，才能收到良好的经济效益。

7. 果园互联网建设

利用互联网＋在线视频技术，使消费者和销售平台能通过手机、电脑等联网实时远程视频观看水果的生长、采摘、包装、发货等过程，建立消费者和销售平台对产品的信心，使水果产品销售变得便捷，收获较高的经济效益。在果园规划时，需要考虑信息平台的建设问题，比如建设摄像头、通信网络、在线视频平台、在线销售平台、客户终端体系等。

（三）种苗定植

1. 挖定植塘

如果选择山地建立柑橘园，要先修筑梯田，再开展后续建设工作；如果选择平地建立柑橘园，可直接平整园地，挖好定植塘，备足肥料和种苗。定植塘直径 100 厘米、深 80 厘米。挖塘时，表土和底土应分别堆放。

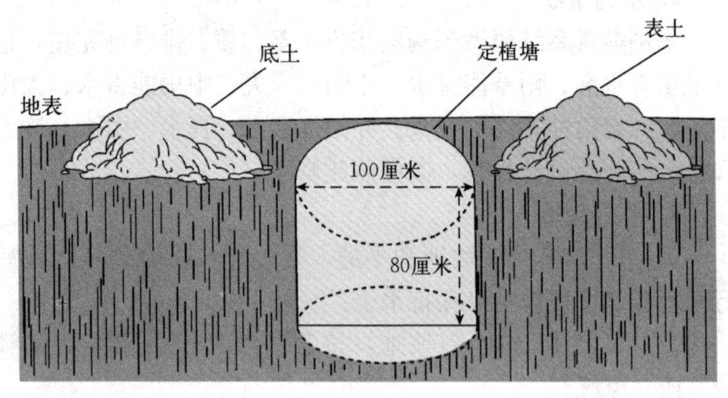

定植塘规格

2. 备足基肥

株施厩肥 50～80 千克、钙镁磷肥或过磷酸钙 3～5 千克作为基肥。

3. 拌肥回塘

把肥料运到定植塘边，加入肥量 2～3 倍的表土，打碎土块和肥块，拌匀，施入定植塘的中下部作基肥。切忌肥料不拌土就倒入塘底，或“一层肥，一层土”分层施肥。

4. 垒定植丘

待回塘至距地面 25～30 厘米时，踏紧，在塘心垒一凸起的高 15～20 厘米的小丘，再取苗定植。

5. 备选苗木

选品种纯正、生长健壮、根系发达完整、嫁接愈合良好的甲级苗和乙级苗，按等级分区栽植，不得大小优劣混栽。

6. 定植密度

柑橘适宜定植密度为（2.0～2.5）米×（3.5～5.0）米，矮砧可适当密植，也可以采用宽行密植，详见下表。

柑橘常见栽植密度

单位：米×米

类别	平地	山地	计划密植		宽行密植
			平地	山地	
橙类	5×5	4×5	2.5×5	2.5×4	2×5
柑类和橘类	3×4	3×3	2×3	1.5×3	1.5×5
柚类	5×6	5×5	3×5	2.5×5	2.5×5

宽行密植

7. 定植时间

在云南栽培柑橘，以夏梢停长、秋梢萌发的 7 月下旬到 8 月上旬和秋梢停长的 10 月下旬到 11 月中旬定植最好。

8. 定植深度

以浇水后根颈（根与茎的交界处）入土深度为标准，坡地以根颈入土 5～8 厘米为宜，平地以恰好露出根颈为宜。浇足定根水后，覆土培盘，山地培成“灯盏窝”以利积水，洼地“筑墩”以免水淹。

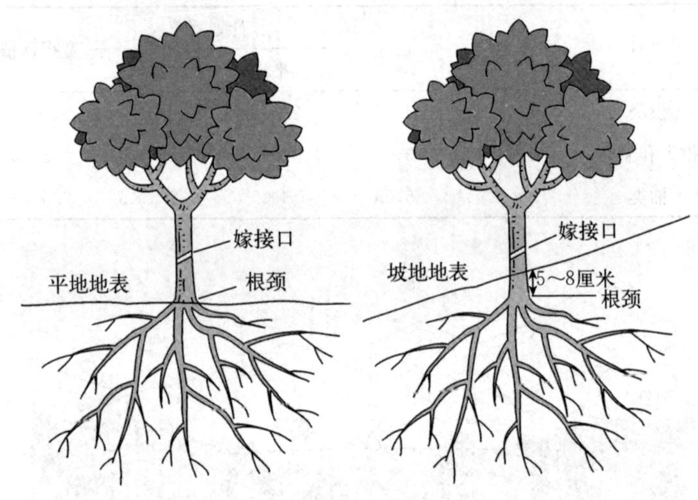

定植深度

9. 校正位置

将苗木的中心垂直主根立于定植丘上，前后左右对直，校正株行向，不得错前错后、歪左斜右，务必与四面八方都成一条直线。

10. 理顺根系

把主根埋入定植丘内，把侧根沿生长方向理顺，搭在定植丘的梭坡上，使之顺势引根向下，以利根系向下生长和向四周扩展。

11. 提苗踏土

用拌好细肥的细表土埋好根系，再填入底土，埋到高出地表 5～10 厘米时，把苗轻轻向上提动并向四周摇晃数下，再用脚把四周松土踏紧，使根系和土壤接触良好，以免架空，影响苗木成活和生长。

12. 培盘灌水

沿定植塘四周培直径 100 厘米、四周高 15～20 厘米的灌水盘，浇透灌定根水，忌浇表皮水。

13. 树盘覆盖

选用地膜进行树盘覆盖时，每株用直径 1.0～1.2 米的地膜覆盖，覆盖前，先从地膜边缘划一道口至中心，从破口紧接地面围住树干，展平，使树干位于地膜的中心位置，再把划口两边叠起来，每块膜上再盖 2～3 厘米厚的细土，覆盖划口边缘、外围边缘及树干的内缘。

选用绿肥或杂草进行树盘覆盖时，可在树盘上覆盖直径 1.0～1.2 米、厚 5～8 厘米的绿肥，该方法能有效提高土壤保湿、保温和保肥的能力，保障苗木成活率。

第四章　柑橘园管理

一、土壤管理技术

柑橘在疏松肥沃、有机质含量3%～5%、孔隙度50%以上的弱酸性土壤中生长发育良好。柑橘需肥量大，一般春、夏、秋都要施肥。云南柑橘园的土壤管理，幼树以合理间作结合翻压绿肥和树盘覆盖为宜，成年树以免耕加覆盖效果较好。

（一）幼树期管理

幼树期，树体小，需合理间作、翻地施肥，种后要中耕除草，增加柑橘园的耕作次数和施肥量。做法是：

1. 合理间作

间作一定要因地制宜，因园因树选择间作作物品种。间作作物要求植株矮小，生命周期短，不带果树病虫害，不抑制果树生长。豆类如黄豆、扁豆、绿豆、花生等，薯芋类如甘薯、马铃薯、芋头、魔芋等，蔬菜如茄子、辣椒、白菜、萝卜、芥蓝等，药材如百合、板蓝根等，绿肥如苕子、苜蓿、箭筈豌豆等。

2. 种行留盘

间作时不能满栽满种，一定要种行留盘，就是把间作作物种在行间，树冠下直径2～3米内的树盘不种。

3. 换茬轮作

由于作物品种不同，从土壤中吸收的营养元素的种类和数

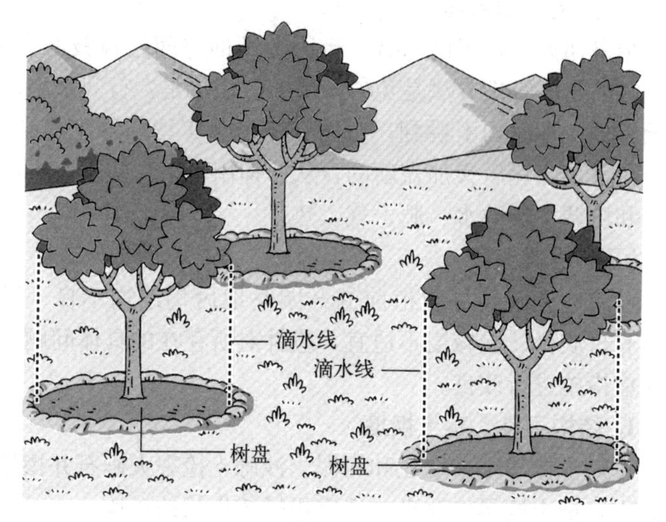

种行留盘

量差异很大，因此间作时一定要交替轮作。如今年种豆类，明年种薯芋类，后年种蔬菜。

4. 翻园压绿

在雨水不多的 5 月下旬至 6 月上旬，在行间播种苕子或苜蓿、箭筈豌豆等。到 9—10 月，绿肥即将开花而未开、养分含量最高时，结合深耕翻园施基肥，收割绿肥后填入基肥坑中或直接翻埋入土，并随即耙细整平。

5. 树盘覆盖

在雨季接近结束或刚刚结束的 10 月下旬至 11 月中旬，中耕树盘，深 15～20 厘米，并以主干为圆心，培成直径 1.5～2.0 米、四周高 15～18 厘米、中间平整的盆型树盘，树盘上盖 8～10 厘米厚的绿肥或杂草、碎秸秆、腐殖质，其上再盖 3～4厘米厚的细土，能有效改善土壤保水、保肥、保温、通气能力，使柑橘树顺利越冬。

（二）结果期管理

结果期大树，树已封行，行间上部的空间已被枝叶占领，其适宜的土壤管理方法是免耕＋覆盖。做法是：行间除施基肥时翻挖外，平时均不耕翻，行间和树盘全年均用绿肥或杂草、秸秆覆盖，腐烂后又加盖新的，从而抑制杂草，防止水土冲刷流失和协调土壤的水、肥、气、热。

（三）土壤改良

若园地土壤经过栽植前的开园整地后仍结构不良、肥力低、有机质少、酸碱度不适宜，应针对所存在的具体问题，采取相应措施进行改良。

1. 结构不良，客土换塘

重黏土掺沙土、塘泥和河泥，沙砾土捡去大砾石并掺塘泥或黏土，把土壤尽快改良成适宜柑橘树生长的土壤。

2. 增加土壤有机质含量

有机质含量的多少是判断土壤肥力的重要标志，也是柑橘树能否生长良好的重要条件，柑橘园的有机质含量一般为1%～2%，以3%～5%为宜。

3. 调节酸碱度

柑橘喜欢生长于微酸性土壤中，最适宜的酸碱度为5.5～6.5，红壤和黄壤的酸碱度为4.5～5.5，紫色土的酸碱度为6.0～8.5。

酸碱度5.5以下的酸性土壤，调节方法是：多施碱性和微碱性肥料，如碳酸氢铵、氨水、石灰氮、磷矿粉、草木灰等，必要时增施石灰。

酸碱度7以上的碱性土壤会使柑橘树发生生理障碍，出现叶片黄化和缺素症，调节方法是：多施酸性肥料，如硫酸铵、硝酸铵、过磷酸钙、硫酸钾等；此外应地面铺沙、盖草或腐殖质，多种植和翻压绿肥；同时做好水分管理，增施有机肥。

（四）常规管理

1. 中耕除草

每年中耕 1～2 次，深度以 10～15 厘米为宜，应做到树盘浅耕、行间深耕，尽量少伤根断根。

2. 深翻扩穴

定植后 2～3 年内，扩穴和深翻果园，并翻压绿肥和深施基肥。基肥可用厩肥、堆肥、土杂肥、饼肥。选择适宜的翻园施肥时间，青壮年树宜在秋季进行，衰老树宜在夏季根系第二次生长高峰前半个月进行。

3. 培土覆盖

培土应在雨季结束时的秋末冬初进行。培土一般用干土、塘泥、河泥、草皮土或山土，最好用腐殖土。覆盖物可用杂草、秸秆、绿肥，可常年覆盖，材料少时只盖树盘，材料多时应全园覆盖。

4. 合理间作

间作应因地制宜地选择不影响果树生长、见效快、收益高的作物。适宜柑橘园的间作作物有黄豆、绿豆、蚕豆、花生、苜蓿、苕子、三叶草以及蔬菜、药材等。

二、施肥管理技术

（一）施肥管理

幼树、成年树都要施基肥，应结合翻园或扩穴进行，时间以 11—12 月为宜。基肥的元素要全，浓度要高，数量要多（应占全年施肥量的 50%以上）。不论幼树还是成年树，在生长季节都应根据果树的需要及时进行根外追肥。常用于根外追肥的肥料种类及浓度见下表。

常用于根外追肥的肥料种类及浓度

肥料种类	喷施浓度/%	肥料种类	喷施浓度/%
尿素	0.3～0.5	磷酸二氢钾	0.2～0.4
硫酸铵	0.3	硫酸锌	0.1
硝酸铵	0.3	硫酸镁	0.1～0.2
过磷酸钙	1.0～2.0	硼砂、硼酸	0.05～0.10
草木灰	1.0～3.0	硫酸锰	0.05～0.10
硝酸钾	0.3～0.5	钼酸铵	0.01～0.05
硫酸钾	0.3～0.5	硫酸亚铁	0.05～0.10

（二）施肥要点

1. 幼树施肥要点

为促进幼树迅速生长、早日投产，施肥应“勤施薄施，少吃多餐”，在春、夏、秋三季每个月施肥1次。施肥时要注意元素齐全、比例协调，不要施单一肥料。幼树以氮肥为主，磷钾肥次之，其比例为氮∶磷∶钾＝7∶2∶1。

2. 成年树施肥要点

除每年施基肥外，还应施萌芽肥、谢花保果肥、壮梢壮果肥和采前肥。

（1）萌芽肥。又叫春肥，在春梢萌发前施用，以速效氮肥为主。

（2）谢花保果肥。在第一次生理落果后施用，以速效氮肥、钾肥为主。

（3）壮梢壮果肥。早熟品种在6—7月施，中熟品种在7—8月施，晚熟品种在8—10月施。

（4）采前肥。施肥量要比前几次多，元素要全，比例要协调，施肥量要适时。早熟品种在采果前施，中、晚熟品种在果实着色期六七成熟时施。柑橘园施肥量见下表。

柑橘园氮、磷、钾三要素推荐用量与换算肥料用量

单位：千克/（株·年）

项目		幼树			成年树					
		一年生	三年生	五年生	20千克/株	40千克/株	60千克/株	90千克/株	120千克/株	150千克/株
三要素	氮（N）	0.20	0.30	0.40	0.45	0.75	0.90	1.10	1.30	1.50
	磷（P_2O_5）	0.05	0.07	0.14	0.15	0.25	0.30	0.40	0.50	0.60
	钾（K_2O）	0.05	0.07	0.14	0.23	0.38	0.45	0.60	0.75	0.90
肥料	油桐饼	1.50	2.00	2.50	3.00	5.00	7.50	10.0	11.5	12.5
	尿素	0.43	0.65	0.87	0.98	1.63	1.96	2.39	2.83	3.26
	钙镁磷肥	0.28	0.40	0.78	0.83	1.39	1.67	2.22	2.78	3.33
	氯化钾	0.08	0.12	0.23	0.38	0.63	0.75	1.00	1.25	1.50

注：三要素推荐用量不含有机肥成分。按尿素含氮46%、钙镁磷肥含磷18%、氯化钾含钾60%换算肥料用量，使用不同肥料可按其净含量换算用量。可根据果园土壤肥力、土质、树势、种植密度等不同增加或减少肥料用量20%～30%。

三、水分管理技术

灌溉水的水质应符合农业农村部《无公害食品—柑橘产地环境条件》（NY/T 5016—2001）的要求。

（一）水分管理原则

柑橘是喜湿润的果树，空气干燥和土壤中水分不足不利于其生长发育，但空气湿度过大、土壤中水分过多也不利于其生长发育。因此，在旱季要做好灌水保湿，雨季要做好排洪防涝，秋季要适量控水。灌水应采用沟灌、盘灌和穴灌，忌用漫灌。在旱季、雨季分明的云南，其水分管理应按照“春灌、夏排、秋控”的原则进行。

（二）灌水量

柑橘适宜的灌水量，以一次性使根系分布层的土壤湿度达到最适于柑橘生长发育的程度（即土壤持水量达60%～80%）

为宜，不要只是浇湿表层土壤，而应灌透根系分布最多的土壤层。

（三）灌水方法

忌用大水漫灌全园或对着果树开沟冲灌。正确的方法是：

1. 沟灌

刨开树盘，理好积水塘，然后选好坡度，每隔一行果树在行间正中开一条直沟，同时向两边树塘各开一条引水横沟。灌水时灌透一株就堵严一株的横沟，防止树塘的水串入其他水塘，然后顺着横沟逐塘灌下去。

沟　灌

2. 盘灌

盘灌就是在树盘内灌水，即以主干为圆心，沿树冠滴水线挖一圆盘形灌水塘，将水灌入盘内，灌水前疏松盘内土壤，使水易于渗透。

盘 灌

3. 穴灌

穴灌又叫坑灌，沿树冠滴水线外围的四周间隔相等距离各挖一个深约 30 厘米、宽约 40 厘米、长约 50 厘米的灌水穴，每穴灌水 50～100 千克。

穴 灌

不论用以上哪种方法，待水充分渗入土中后，都要及时浅耕树盘或穴底，覆土填平，避免土壤干裂板结，以减少水分蒸发。每次灌水必须灌透，不灌表皮水。灌水结合追肥进行，效果更佳，且可以达到省工省时的目的。此外，如采用喷灌或滴灌，更能省水省工，有利于保持土壤疏松和调节空气湿度。

（四）水分管理注意事项

1. 花期灌水

花期，特别是盛花期，不能猛灌大水。

2. 雨季排水

雨季正是果实发育、树梢生长、营养制造和积累时期，若雨水过多，柑橘园积水，会导致烂根、叶片黄化、果实开裂、着色差、含糖量低、落果多、病虫害发生重。

雨季来临前检查和疏通所有排水沟渠，多雨季节加强果园的排水检查，土壤积水时间超过24小时的要立即采取挖沟排涝等措施排水。

3. 花芽分化期控水

花芽分化期应适量控水，以叶片微微卷曲为宜，但又不可控水过度，否则会引起失水黄化和影响花芽分化。

4. 水分管理关键时期

春梢萌动至开花期（3—5月）和果实膨大期（7—10月）水肥需求量大，干旱时应及时灌水，灌水量由树体大小和天气状况确定，成年树在伏旱期每株每天灌水量不少于60升，土壤水分含量应保持在土壤田间持水量的60%～80%。高温期宜在清晨或傍晚进行灌水，提倡滴灌或微喷灌。

四、水肥一体化管理技术

按照果树吸收水肥的规律，将肥料溶于水中，浇施到每株果树根部的水肥管理技术，就叫水肥一体化管理技术。水肥一体化管理技术可以平衡施肥和浇水，合理施肥，满足果树的营养需求，使生产出的果品个大、味甜、外观靓丽、商品率高。

五、花果管理技术

根据脱落部位不同，柑橘有2次生理落果。人工促花、保花保果和疏花疏果等花果管理技术，是为了人为地控制花果数量，以期达到优质丰产的目的。

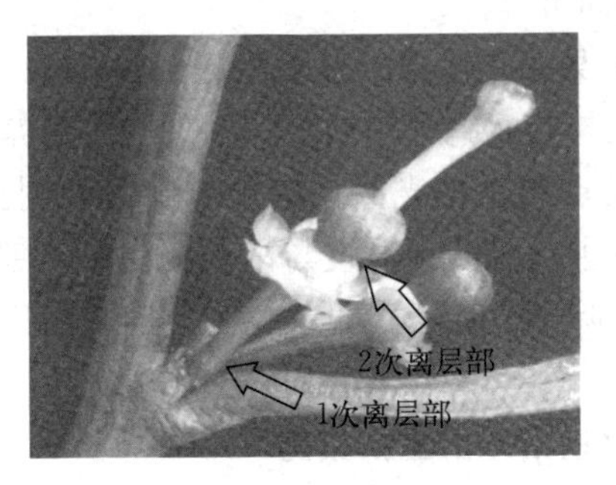

柑橘离层产生部位

（一）控制花量

1. 抑制成花

修剪以短截、回缩为主；花前进行复剪，强旺枝适当多留花，弱小枝、无叶果枝少留或不留花；抹除秋梢和冬梢；春梢萌发后及时抹除花蕾；冬季灌水；增施氮肥；10—12月喷洒2～3次抑花剂等。

2. 促进成花

修剪以缓放、轻剪为主；秋季采果后采用环割、弯枝、控水等方法促进花芽分化；拉枝、撑枝、吊枝，扭曲秋梢；减施氮肥，增施磷肥；10—12月喷洒2～3次促花剂等。

（二）保花保果

成年树花量少时，适当抹除春梢营养枝，在开花坐果期对直立徒长的营养枝进行摘心、弯枝等处理，以减少养分竞争。在花期和幼果期喷洒保花保果剂和硼肥等。开花前重施氮肥和根外追肥，花期喷施硼肥，修剪时注意适当疏除密集枝条，保证树体内的通风透光。夏梢转绿后，一般柑橘树喷1次5～10毫克/升的2，4-滴即可；脐橙易落果，需喷2次50～

100 毫克/升的赤霉酸。夏橙采前易落果，采前应喷施 2～3 次 20～40 毫克/升的 2，4-滴，每月喷 1 次；其他品种采果前喷 1 次 2，4-滴即可。

1. 减少幼果生理落果的主要措施

土壤施肥与叶面施肥相结合，改善树体营养状况；适度修剪，减少生长点，改善光照，集中养分；及时灌水，防止春旱；防治病虫害；拉枝、撑枝与吊枝；主枝环割 2～3 圈，深达木质部；抹除部分春梢；谢花 3/4 至谢花后 1 个月喷洒 1～2 次保果剂。

2. 防止采前落果的主要措施

加强栽培管理，增强树势；避免柑橘园积水；改善通风透光条件；防治病虫害；在成熟前 1～2 个月喷洒 1～2 次 50% 的甲基硫菌灵或多菌灵 1 000 倍液，同时喷洒 1～3 次浓度为 20～40 毫克/升的 2，4-滴溶液。

3. 保果调控修剪

保果调控修剪包括蕾期修剪、抹芽控春梢、环割保果和抹除 6 月夏梢。郁闭树开“天窗”，通光路。采取控、吊、撑、缚等方法向空隙处拉开部分郁闭大枝和侧枝，也可按照“留空去密，留强去弱，抑上促下”的原则疏除交叉枝和重叠过密的大枝。

（三）保叶

柑橘保叶过冬的主要技术措施有：

（1）施肥保叶。10 月下旬至 11 月上旬，早施重施采果肥，同时每月进行 2～3 次叶面喷肥，使之尽快恢复树势，尽量保持叶片不早落，延长叶片寿命。

（2）合理供水保叶。冬季干旱，应及时灌水，防止落叶。雨水较多时，应注意排水，做到雨停园干，防止因长时间积水而引起落叶。

（3）防治病虫害保叶。10 月至 12 月中旬，引起落叶的病虫害有炭疽病、红蜘蛛等，应及时防治。防治病虫害和冬季清园，喷药应慎重，要严格掌握浓度，以免发生药害而引起落叶。

（4）防冻保叶。11 月至翌年 1 月初，切实做好柑橘园的涂白、包草、培土、搭棚、束枝、覆盖和冻前灌水等系列防寒防冻工作，防止叶片因受冻而过早脱落。

（四）防止裂果和日灼

防止裂果的主要措施：深翻扩穴，改良土壤；增施氮、钾肥；旱季及时灌溉，防止土壤干湿交替；喷洒防止裂果的药剂。

柑橘树干近黑色，吸热能力强，易受日灼，导致伤树减产。防止日灼的主要方法：合理密植；整形时适当降低主干高度（以 30 厘米左右为宜）；深耕压绿，增强土壤保湿能力；修剪时适当厚留枝叶，减少树干和果实的受晒面积；树干涂白；也可在向阳面涂白色石灰乳剂。

（五）果实套袋

以下情形可考虑套袋防护：台风过大造成果面严重擦伤，日灼造成果面普遍损伤，成熟季节吸果夜蛾危害严重，粉尘烟霉严重等。套袋一般在生理落果后（6 月下旬至 7 月上旬）进行，套袋前必须施药防治病虫害，应选用抗风吹雨淋、透气性好的柑橘专用单层纸袋，果实采收前半个月解袋。

第五章　整形修剪

一、主要树形

树形是果树挂果的基本骨架，柑橘以紧凑的小冠幅树形为宜。基本要求是骨架牢固，主枝较少，枝组和小枝较多，拉开间距，通风透光，丰产优质，减少病虫，便于操作，立体结果。整形修剪最好从苗期开始，每年进行修剪，定植后2～3年完成整形，保持树势健壮的丰产树形。

（一）树形

树形根据品种的特性而定。树姿开张、枝条长而柔软的温州蜜柑，常用三主枝自然开心形；树姿较开张、枝条中等长的红橘和本地早也常用开心形，但其3个主枝向上斜生，其上着

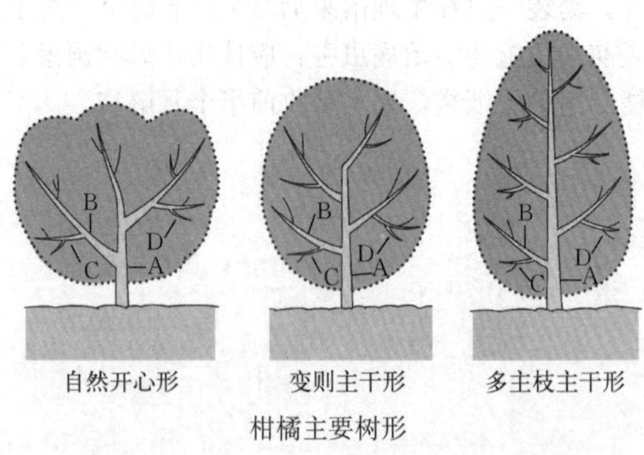

柑橘主要树形

A. 主干　B. 主枝　C. 侧枝　D. 第二侧枝

生向上斜生的侧枝，构成圆头形或半圆形；植株高大的甜橙、柚和柠檬，宜用变则主干形；树姿较直立、枝条较硬的椪柑、金柑，宜用多主枝主干形。

1. 自然开心形

干高 40～60 厘米。3～4 个主枝在主干上错落分布，与主干的分支角度为 40°～50°，占据整个平面空间。各主枝上配备侧枝 2～3 个，在侧枝上着生结果枝组。侧枝与主枝的分支角度为 40°～50°。第一侧枝距离主干 40～60 厘米；第二侧枝在第一侧枝的对立方向，距离第一侧枝 40 厘米；第三侧枝在第一侧枝的同方向，距离第一侧枝 80 厘米左右。应采用短截、拉枝等方法培养主侧枝，尽早控制中央干。

2. 变则主干形

干高 40～60 厘米。主枝一般分 2 层着生在中央干上，第一层 3 个主枝，第二层 2 个主枝，层间距离一般 40～80 厘米，层内主枝距离 20～40 厘米。主枝应在中央干上错落分布，占满平面空间。主枝与中央干的分支角度第一层 50°左右，第二层 45°左右。第一层主枝配备 3 个侧枝，第二层配备 2 个侧枝，各侧枝与中央干的距离及其与主枝的分支角度大致与自然开心形相同。

幼树整形影响生长，会导致推迟 1～2 年进入盛产期，为了克服这一缺陷，可在柑橘定植后前 1～2 年放任生长，待冠幅长到 1 米左右时，采用拉枝、撑枝、扭枝、摘心等措施培养主枝、副主枝，尽量少用抹芽、疏剪等整形方法。

3. 多主枝主干形

干高 40～60 厘米。主枝一般分 3 层着生在中央干上，第一层 3 个主枝，第二层 2 个主枝，第三层 2 个主枝，层间距离一般 40～60 厘米，层内主枝距离 20～30 厘米。主枝应在中央干上错落分布，占满平面空间。主枝与中央干的分支角度第一层 50°左右，第二层 40°左右，第三层 30°左右。第一层主枝配备3个侧枝，第二、三层配备2个侧枝，各侧枝与主枝的分支角度为35°～45°。

（二）干高

柑橘宜用独立干树形，不宜用双主干和无主干、多主枝的丛生树形。主干高40～60厘米为宜，若主干过低，会影响地下耕作和防治主干上的病虫害；若主干过高，冠幅扩展慢，枝叶不能及早遮蔽地面，会加重主干日灼，不利于护根。

（三）主枝数量

一般自然开心形、自然圆头形和半圆形以3～4个主枝为宜，变则主干形以5～7个主枝为宜，放射形以12个左右主枝为宜。

（四）主枝角度

主枝角度以与主干延长线角度以40°～45°为宜。椪柑的直立性强，角度应稍大，可用撑、拉等方法进行开张；温州蜜柑和柠檬的开张性强，枝条易披垂，角度宜小，若角度过大，应用绳或线进行吊枝扶持。

二、修剪时期和方法

柑橘修剪主要在早春进行，在有冻害的地区，应在早春温度回升后进行。生长季节还应进行必要的摘心、抹芽等。

1. 疏剪

疏剪即从枝条基部彻底剪除病虫枝、枯枝、衰老枝、直立徒长枝、背上枝、背下枝、下垂枝、密集枝、交叉枝等。

2. 短截

短截指剪去一年生枝的一部分。中度短截（剪去枝条的1/4或1/3）一般用在主侧枝的延长枝、有空间生长的枝梢上，促进枝梢生长延伸。重度短截（剪去枝条的1/2或2/3）一般用于促进分枝。

疏 剪

3. 回缩

回缩指对多年生枝进行的短截，一般剪到大枝组后部若干节位的分枝处。对多年结果、前部已衰老的枝组，严重遮光的大型直立枝组，主侧枝以外的大型辅养枝组，严重下垂的大型枝组等进行回缩。

4. 缓放

缓放即对一年生枝梢不进行修剪，任其生长。一般用在当年要结果的结果母枝上，这些结果母枝多为中小枝条。

5. 抹芽

在夏梢、秋梢抽生至1～2厘米时，将不符合生长结果需要的嫩芽抹除。

6. 摘心

摘心即摘去枝条的顶芽，用于限制枝梢徒长、促进分枝。

7. 抹芽放梢

用于幼树和旺树，使之抽梢时间整齐一致，枝梢健壮，避免潜叶蛾危害，缓解枝梢与果实竞争养分的矛盾，形成优良的结果母枝。如早春干旱，春梢抽生少而弱，雨季夏梢抽生快而多，可适时多次抹除夏芽，不让夏梢发生，到 7 月上中旬停止抹芽，并施适量速效氮肥，促其猛发早秋梢，形成较多优良的结果母枝。

8. 撑枝和拉枝

用于枝条较直立、树冠郁闭、通风透光不良的植株，以开张枝干夹角。撑枝：截取长度适宜的木棍，把两头剪成具 45°斜面的叉状，把枝条向外撑开到适宜角度。拉枝：用绳子拴住被拉枝的适宜部位，拉到适宜角度，把另一头拴在事先固定好的木桩上。

9. 刻伤

刻伤又叫目伤，即在需要发枝的部位上部，用刀刻一深达木质部、形如眼睛的伤口；或用小钢锯片锯一深达木质部、长 1.0～1.5 厘米的伤口，刺激隐芽萌发枝条，用以补空或培养枝组。

10. 断根

对特别强旺的初果期树和成年树，在距主干适当位置刨开土壤，切断适量粗根，缩小根系分布范围并减缓养分吸收，从而抑制地上部长势并促进开花结果。促花断根宜在初秋根系第三次生长高峰时进行；保花保果宜在花芽萌动时进行。断根后将伤口剪平，晾根 3～5 天，施入有机肥，覆土填平。

三、各个时期的修剪要点

（一）幼树期修剪

从定植到五年生的幼树期，以整形为主，注意培养主枝和侧枝，保证主枝角度足够开张，调整好主枝分布方位。修剪宜轻，多拉枝，并适量多留枝叶，以促进植株迅速生长、早日培养成丰产树形。

定植当年定干 50～70 厘米，翌年开始选留 3～5 个枝条作

幼树强枝拉枝促果

为主枝。主枝长 40 厘米左右时，摘心打顶，其上侧枝视空间尽量保留；侧枝超过 30 厘米要进行摘心，并适当疏除丛生枝、过密枝。

及时抹除砧木萌蘖。当幼树定植后，在夏季进行抹芽控梢，放 1～2 次梢，能促进抽生夏秋梢、充实树冠、加快生长。

（二）成年树修剪

成年柑橘树修剪主要在春、夏两季进行。修剪原则是“平衡树冠，打开光路，适当疏枝，壮梢抹芽，抹芽控梢”。

1. 初果期

栽后 6～10 年为初果期。对主侧枝的延长枝进行短截，促进其生长延伸；对主侧枝生长有干扰的徒长枝、竞争枝进行回缩、弯枝或疏除。抹除夏梢芽，统一在 8 月初放秋梢，抹除 10 月以后萌发的所有芽、梢。对过密的营养枝，短截 1/3，保留 1/3，疏去 1/3。对较长的营养枝，保留 8～10 片叶进行摘心，促其分枝，短截结果后的枝组，疏除过密枝梢。

2. 盛果期

栽后 11～50 年为盛果期。该时期树形已定型，树体已达到应有的高度和冠幅，树势已由旺长转为中庸。该时期修剪的任务是在前期基础上继续培养、复壮和更新结果枝组，增加结果部位，形成立体结果，稳定中庸树势，合理结果，稳定产量，减小大小年幅度，保持通风透光，抑强扶弱，衰弱枝更新复壮，延长盛果期。

3. 衰老期

栽植 50 年以后为衰老期。该时期树势随树龄的增大而逐步衰弱，新梢抽生少而短，小枝易枯死。该时期应在加强土肥水管理的基础上，重度回缩衰弱枝和下垂枝，促进隐芽萌发新枝，更新复壮，以延长结果年限。

第六章　果实采收及采后处理

一、果实采收

（一）采收时期

柑橘采收期因种类及品种的成熟期和用途而异，过早或过迟采收均会影响产量和品质。外销果和远销果，七成熟时采收；鲜食果达到固有色泽、风味和香气时采收；短期贮藏的果实达到九成熟时采收，长期贮藏的果实达到八九成熟时采收。加工用的果实根据内在品质如糖度、酸度及加工方式等要求适时采收，如制作果汁、果酒、果酱等的果实在充分成熟时采收，用于加工蜜饯的果实则采收较早。

（二）采前准备

组织好劳动力，准备好采果剪、采果篮、采果梯、装果箱等工具，组织好运输和销售，准备好贮藏或临时存放场所，并进行清洁和消毒。库房消毒可用40%的福尔马林40倍液喷洒，或每立方米库房用10克硫黄粉和1克氯酸钾助燃剂混合均匀后点燃熏蒸，密闭24小时后，通风2～3天。采果篮边沿和内壁用帆布或麻布包扎衬垫，果箱内部要求光滑干净、无凸出物。

（三）采收方法

采收人员剪平指甲后再戴手套，由下而上、由外向内采收树上果实，第一剪在离果蒂1厘米左右的地方下剪，第二剪在与果蒂平齐处将果梗剪去，注意勿伤果蒂，果实要轻拿轻放，堆放在阴凉干燥处。

（四）注意事项

采收时要注意分批采收，选黄留青；复剪果柄，保留完整果蒂；保护外皮不受损伤，勿大力挤压果实；捡出损伤果、落地果、病虫果、粘泥果。树上有雨水、霜雪时不宜采收。

二、采后处理

柑橘贮藏保鲜技术有：薄膜单果包装保鲜，2，4-滴保鲜，多菌灵、甲基硫菌灵等防腐剂保鲜，科力鲜高效保鲜剂保鲜。以上保鲜技术效果良好，均可不同程度地延长柑橘果品的市场供应期，增加果农与经营者的收入。

（一）果实防腐

在下表中任选1种防腐保鲜剂，按推荐浓度配成药液，采前3～5天喷洒树冠，采后24小时内，将果实在药液中浸湿，取出晾干。

防腐剂种类与推荐浓度

单位：毫克/千克

防腐剂名称	使用浓度	防腐剂名称	使用浓度
抑霉唑（戴挫霉）	400～500	咪鲜胺（扑霉灵）	500～1 000
双胍三辛烷基苯磺酸盐（百可得）	250～500	咪鲜·氯化锰（施保功）	250～500

贮藏前将果实装入容器中，置于通风条件良好的地方冷凉预贮2～3天。经预贮的果实按鲜果要求进行分级。分级后的果实，可采用聚乙烯薄膜袋或聚乙烯保鲜袋单果包装，然后用竹筐、藤篓、塑料箱或木条箱贮藏，贮藏用具要求内壁平整、洁净，竹筐、藤篓内要垫衬软物。

（二）果实贮藏

1. 贮藏场所

通风库房、简易库房和民房均可作为贮藏库房。通风库房应具有良好的通风换气条件和保温保湿能力；普通民房应选择温湿度变化较小而通风保湿良好的房间。贮藏库房要堵塞鼠洞，严防鼠害。

果实贮藏前，贮藏库房应打扫干净，用具应洗净晒干。在入库前1周，库房用药剂消毒，药剂选用50%的多菌灵可湿性粉剂500倍液，或70%的甲基硫菌灵可湿性粉剂600～800倍液喷洒。

2. 贮藏方式

贮藏方式有冷藏、常温贮藏。冷库贮藏的鲜果需装入贮藏箱内进行贮藏。冷库贮存前经2～3天预冷，贮藏的适宜温度因品种和地区而异，一般为5～8℃，库内相对湿度为85%～90%。

篓藏与箱藏：将鲜果装入篓、箱内，置于温湿度较为稳定的房间内贮藏。

堆藏：在温度升降缓慢、保湿能力强、易于通风换气、地面干燥的库房内进行堆藏，地面铺垫稻草等柔软物。贮藏初期，库房内易出现高温高湿，当外界气温低于库房内温度时，敞开所有通风口，开动排风机械，加速库房内气体交换，降低库房内温湿度；当气温低于4℃时，关闭门窗，加强室内防寒保暖，午间通风换气。贮藏后期，当外界气温升至20℃以上时，白天应紧闭通风口，实行早晚通风换气。当库房内相对湿度降到80%以下时，应加盖塑料薄膜保湿，同时可采取在地面洒水或盆中放水等方法，提高空气湿度。

定期检查果实腐烂情况，捡除烂果，若烂果不多，尽量不翻动果实。根据果品固有性状和贮藏中的生理变化，贮藏果实应按市场需要适时分批出库。

3. 贮藏量

根据库房大小、堆垛方法而定。

（三）果实商品化处理

1. 分级

主要按果实的大小、重量、形状、色泽等进行分级。

2. 洗果、打蜡

人工洗果：用1%的盐酸溶液洗果1～3分钟，再用1%的碳酸钠溶液洗果3～5分钟，然后用清水洗净。

人工打蜡：将果实放入配制好的果蜡液中浸蘸一下后取出。

机械洗果、打蜡：漂洗—清洁剂淋洗—清水淋洗—擦干—涂蜡（或喷涂杀菌剂）—抛光—晾干—分选—装箱。

3. 装箱

按不同等级、用途和重量装箱，不同品种应有专用的品牌果箱。

第七章　柑橘主要病虫害

一、柑橘主要病害

（一）柑橘黄龙病

1. 危害症状

柑橘黄龙病属于细菌性病害，是柑橘生产中危害最为严重的世界性病害，由柑橘木虱传播。其田间症状表现为叶片斑驳、黄化、呈花叶状，果实小、易脱落、畸形，果轴歪斜，种子变黑败育等。柑橘黄龙病的典型症状为初期黄梢，后叶片均匀黄化、斑驳、果实畸形、树势衰退。斑驳、均匀黄化和绿岛是柑橘黄龙病最突出的症状，其次是类似缺锌状的花叶症状。

2. 防治措施

（1）加强植物检疫。

（2）培育无病苗木。

（3）及时挖除并烧毁病树。

（4）严格防治柑橘木虱。

（5）加强果园管理。

（二）柑橘溃疡病

1. 危害症状

柑橘溃疡病属于细菌性病害，主要危害叶片、新梢和果实。叶片染病后，初期在叶背出现针头大小的油渍状斑点，后逐渐扩大、隆起破裂，同时叶面的病斑也隆起破裂，最后病斑木栓化、灰褐色、近圆形，周围有黄色或黄褐色的晕圈。枝梢和果实的病斑形态和叶片相似，只是病斑周围无晕圈，但有深褐色的釉光边缘。发病严重时，叶片和果实脱落、枝条枯萎，严重影响植株生长，降低果实产量和品质。

2. 防治措施

（1）严格执行检疫。柑橘苗木、接穗、砧木、种子和果实的调运要按规定严格实施检疫，防止溃疡病的传播蔓延。发现病树、病苗立即烧毁。

（2）培育无病苗木。苗圃应建立在半径1千米范围内无柑橘类植物的无病地区，并建立无病优质母本园，就地供应无病接穗。

（3）减少果实和叶片损伤。设置防风林，以减小果园风速，可显著减少溃疡病发生。

（4）化学防治。在夏秋梢抽发期和幼果期，用高脂膜乳剂300倍液全株均匀喷雾，能有效预防溃疡病。

（5）冬季清园。剪除发病枝叶和果实，并集中烧毁。

（三）柑橘疮痂病

1. 危害症状

柑橘疮痂病又称癞头疤，是危害宽皮柑橘的主要病害之一，属真菌性病害。柑橘疮痂病主要危害柑橘的幼叶、新梢和幼果。叶片和果实有2种类型的基本症状，第一种症状为疣状，新叶在展开前就可能染病，叶片产生圆形水渍状小斑点，后逐渐扩大并木栓化，病斑周围组织向一面突起，呈圆锥状；果实受害后在果皮上出现突起病斑，导致果面凸凹不平。另外一种症状是疥藓状，主要特征为病斑木栓化、几乎不突起，连片形成较大的死组织，呈疥藓状；感病植株往往会落叶、落果或嫩梢发育不良，果实小、皮厚、味酸、汁少，品质差，产量低。

2. 防治措施

（1）培育无病苗木，选取健康的砧木和接穗，减少传染源。

（2）控制氮、磷、钾肥量，使新梢生长整齐一致，缩短感病时间；对于病梢及时剪除并集中烧毁，防止重复侵染。

（3）掌握柑橘疮痂病的发病规律，适时适量喷施农药，以控制病害发展，一般喷药保护还未受病菌侵染的幼嫩组织和器官，每年喷药2次，第一次在芽长1～2毫米时，第二次在花谢2/3时，防治该病最早使用的药剂有石硫合剂、波尔多液、多菌灵、多抗霉素等，随着时代的发展，又不断地筛选推广了新型的药剂，如腈苯唑、吡唑醚菌酯、苯醚甲环唑、代森锰锌、硫酸铜钙等。

（四）柑橘黑点病

柑橘黑点病也称沙皮病，是一种真菌性病害，主要危害柑橘叶片和果实。

1. 危害症状

新梢、嫩叶和幼果受害，在病部表面产生许多黑褐色散生或密集成片的硬化胶质小粒点，表面粗糙，略微隆起，形似粘附细沙。

2. 防治措施

（1）加强肥水管理。增施有机肥，增强树势，忌偏施氮肥。

（2）冬季清洁果园。冬季修剪橘园，清理枯枝，减少侵染源。

（3）化学防治。温州蜜柑坐果后（5月上旬至9月下旬）定期喷施代森锰锌、多菌灵、戊唑醇、苯醚甲环唑或咪鲜胺，每隔3～4周喷施1次。喷药效果雨前较雨后好，晴天较阴雨天好。椪柑前期喷药间隔期可适当延长，停止喷药时间需要适当延后。

（五）柑橘脚腐病

1. 危害症状

柑橘脚腐病又称裙腐病，俗称烂篼巴，由疫霉侵染引起，主要危害柑橘树的根颈和根裙，导致树势衰弱甚至死树。病斑无明显规律，发病部位皮层变褐，呈水渍状，有酒糟味。在高湿多雨、土壤排水不良的条件下，病斑迅速扩大，常使根颈腐烂一圈并使根裙腐烂。在干燥条件下，病斑开裂变硬，严重时叶片变黄脱落。

2. 防治措施

（1）选用酸橙作砧木，提高嫁接部位。

（2）发病严重时，在树脚周围呈三角形栽3株酸橙，采用靠接法嫁接，代替腐烂根的功能。

（3）刮除病部粗皮至出现青黄色，每隔4～5厘米纵割1条深达木质部的割口，涂5波美度的石硫合剂或40%的福美胂可湿性粉剂100倍液。

（4）雨季刨开树盘晾根，做好排水工作。

（六）柑橘树脂病

1. 危害症状

柑橘树脂病属子囊菌亚门真菌性病害，主要危害树干、枝梢、叶片、果实。

树干和大枝受害后呈流胶状和干枯状。①流胶型。病部皮层坏死，木质部受害后呈灰褐色，病部与健康部位交界处有一条黄褐色病带，有时有带臭味的流胶，病皮下有黑色小颗粒。②干枯型。病部皮层红褐色，干枯，略下陷，微有裂缝，但不立即剥落，在病部与健康部位交界处有一条明显的隆起界线。干枯型在高温条件下可能转化成流胶型。

叶片和果实受害，表面生成很多隆起的褐色小粒点，故柑橘树脂病又称砂皮病。果实在贮藏期染病，环绕果蒂出现水渍状淡褐色病斑，后逐渐变为深褐色，并慢慢向基部扩展，边缘呈波纹状，最后全果腐烂。

2. 防治措施

（1）加强栽培管理，增强树势，减少伤口，提高树体抗病能力，避免病菌从伤口侵入。

（2）结合修剪，剪除病枝，集中烧毁。

（3）对于发病植株，彻底刮除病变组织，伤口用1 000倍的高锰酸钾溶液消毒后，涂石硫合剂或接蜡保护。

（4）结合防治疮痂病，在春天萌芽前喷1次150倍的波尔多液，花落2/3及幼果期各喷1次1 000～1 500倍的甲基硫菌灵或1 000倍的菌毒清及消毒灭菌药（如菌毒杀、多效灵），以保护树干、叶片和幼果。

（七）柑橘煤烟病

1. 危害症状

柑橘煤烟病属真菌性病害，病原菌有十多种，主要发生在叶片、果实和枝梢上。发病初期，在枝梢、叶片、果实的表面生成暗褐色霉斑，继而向四周扩展成绒状黑色煤层，呈煤烟状，煤层易剥落，剥离后枝叶表面仍为绿色。发病后期，煤层上散生许多黑色小粒点或刚毛状突起。

2. 防治措施

（1）做好蚜虫、介壳虫和粉虱等害虫的防治，减少发病条件。

（2）合理修剪，改善通风透光条件，降低树体内膛空气湿度。

（3）发病初期喷施克菌丹、波尔多液、多菌灵。初见煤层时，喷1 300倍的尿洗合剂（即尿素1千克、洗水粉1千克，水300千克），用于分解煤层，避免病原菌二次繁殖和再传播。

（八）柑橘白粉病

1. 危害症状

柑橘白粉病属于半知菌亚门真菌性病害，危害新梢和嫩叶。多在主脉边缘发病，病斑多在叶片正面，覆盖白粉状菌丝层。在菌丝层下，病部叶片色泽变暗，后期变黄，有的病叶呈畸形，有的由病叶扩展至枝梢。

2. 防治措施

(1) 做好园区清洁和消毒，冬季喷1次石硫合剂。发现病枝立即剪除，并集中烧毁。

(2) 做好整形修剪和果园排水，改善通风透光条件，降低园中湿度，创造不利于该病发生的环境。

(3) 从发病起，每隔15天左右喷1次400～600倍的三唑酮（粉锈宁），连喷3～4次，在发病初期消灭病害。后期还可用百菌清、嘧菌酯、乙嘧酚、丙环唑等进行防治。

(九) 柑橘流胶病

1. 危害症状

柑橘流胶病由疫霉引起，主要危害柠檬和红橘树的主干、大枝，会削弱树势，在四川常被称为柠檬流胶病。

病部无定形，皮层变褐，裂口流出泡沫状胶汁，后病斑扩大呈不规则形，流胶增多，树枝呈褐色水渍状软腐，有酒味。叶片黄化脱落，枝梢枯萎，树体衰弱甚至枯死。

2. 防治措施

(1) 选用枳和酸橘等抗病砧木，做好排水和整形修剪，施肥时注意氮、磷、钾肥平衡施用，不宜施氮过多。

(2) 防治树干蛀虫，树干涂白，减少树干损伤。

(3) 纵刮病部皮层至出现黄绿色，涂100～200倍的多菌灵和甲基硫菌灵的混合液，或甲霜灵400倍液。

(4) 受害严重的树乔接抗旱砧木。

(十) 柑橘炭疽病

1. 危害症状

柑橘炭疽病属半知菌亚门真菌性病害，危害叶片、枝梢、果实。树体受害后引起落叶落果，果实在储运中染病会腐烂，幼苗极易感染此病。叶片感病，病斑多发生在边缘和尖端，圆形或不规则形，黄褐色，病斑上散生黑色斑点，略呈同心圆排列。枝条感病，叶片脱落，由上而下枯死。果实染病，常呈2

种类型：①干斑型。在比较干燥的条件下发生，病斑黄褐色、凹陷、草质，囊瓣一般不受害。②腐烂型。多在储运中发生，一般从果蒂或果蒂附近开始，病斑褐色，逐渐扩展，最后全果腐烂，有时表面长出菌斑和分生孢子盘。

2. 防治措施

（1）加强栽培管理，增施有机肥，增强树势，提高抗病力。苗圃注意排水，忌偏施氮肥。

（2）冬季做好田园清洁和消毒，清除枯枝落叶并集中烧毁，减少病源。

（3）嫩梢期和幼果期，每半个月喷药1次，可用代森锌、代森铵、甲基硫菌灵、多菌灵等，提前预防或在发病初期完成防控。

（十一）柑橘衰退病

1. 危害症状

柑橘衰退病又称速衰病，属病毒性病害。在云南宾川以橙作砧木和在四川达川以酸柚作砧木时，该病发病较重。发病初期开花结果多，后逐渐衰退，不结果，这一过程常持续多年，故称为衰退病。有的病株在发病初期，症状出现几个月后，叶片突然萎蔫并挂在树上，植株死亡，故称速衰病。

2. 防治措施

（1）选用较抗该病的枳、枳橙、红橘、酸柠檬等作砧木，不用酸橙作砧木，以避免和减轻该病发生。

（2）选栽无病毒苗木或从无病毒母树上采集接穗繁殖苗木，不栽带毒苗木。

（3）注意防治传播该病的蚜虫。

（十二）根结线虫病

1. 危害症状

根结线虫病属柑橘半穿刺线虫病，主要危害柑橘根系。

受害根略粗短、畸形、易碎，缺乏正常根应有的黄色光泽，严重时因根皮不能随中柱生长，使皮层与中柱发生分离。受害初期地上部无明显症状，随着虫量增多和受害根系的增多，地上部分表现出干旱、营养不良症状，抽梢少而晚，叶小而黄、易脱落，顶端小枝凋枯。

2. 防治措施

（1）加强苗期检疫，选用无病虫苗木。

（2）加强肥水管理，增施有机肥和磷钾肥，提高根系抗病能力。

（3）带病苗用45℃热水浸根15分钟，杀灭根结线虫。

柑橘种植过程中的主要病害

（4）2—4月在病树四周开沟，将阿维菌素颗粒剂、噻唑膦颗粒剂、威百亩、淡紫拟青霉等和细沙土拌匀，制成药土，施入沟内，覆土填平。

柑橘种植过程中的主要病害

病害名称	病害类型	危害部位
柑橘黄龙病	细菌性病害	叶片、果实、种子
柑橘溃疡病	细菌性病害	叶片、新梢、果实
柑橘疮痂病	真菌性病害	幼叶、新梢、幼果
柑橘黑点病	真菌性病害	叶片、果实
柑橘脚腐病	真菌性病害	根颈、根裙
柑橘树脂病	真菌性病害	树干、枝梢、叶片、果实
柑橘煤烟病	真菌性病害	叶片、果实、枝梢
柑橘白粉病	真菌性病害	新梢、嫩叶
柑橘流胶病	真菌性病害	主干、大枝
柑橘炭疽病	真菌性病害	叶片、枝梢、果实
柑橘衰退病	病毒性病害	砧木
根结线虫病		根系

（十三）柑橘贮藏期病害

柑橘贮藏过程中的主要病害

病害名称	病害类型	危害部位
青霉病	真菌性病害	果实
绿霉病	真菌性病害	果实
黑色蒂腐病	真菌性病害	果实
褐色蒂腐病	真菌性病害	果实
枯水病		果实
水肿病		果实

柑橘贮藏期主要病害

1. 青霉病

真菌性病害，孢子丛青绿色，发生在果皮上和果心空隙处。白色菌丝带较窄，仅1～2毫米，外观呈粉状。病部边缘水渍状，规则而明显，有霉味。

2. 绿霉病

真菌性病害，由指状青霉侵染引起。孢子丛橄榄绿色，仅发生在果皮上。白色菌丝带较宽，8～15毫米，略带胶着状，有皱纹。病部边缘水渍状，边缘不规则、不明显，易与包果纸等粘连，有芳香气味。

青霉病和绿霉病的病原均可通过气流和接触传播，由伤口侵入。气温在6～36℃均可发病，但青霉病发病的最适温度为18～26℃，绿霉病为25～27℃，适宜湿度均为95%以上。

3. 蒂腐病

（1）黑色蒂腐病。属子囊菌亚门真菌性病害。果实多从果蒂或果蒂附近开始发病。病部呈褐色病斑，随后蔓延全果，表面常流出琥珀色黏液，在高湿条件下，表面生出气生菌丝，起初黑灰色，后渐变为黑色；在干燥条件下则成黑色僵果。感病果实内部腐烂，并长出黑灰色菌丝，囊瓣和果皮最后变黑色，菌丝丛中产生黑色颗粒小点。

（2）褐色蒂腐病。属子囊菌亚门真菌性病害。果实多从果蒂发病，呈褐色病斑。病菌在囊瓣之间扩展较快，使病部边缘呈波纹状，变深褐色，内部腐烂较果皮快。当病斑扩大至果皮的1/3～1/2时，果心已全部腐烂，故又称穿心病。病部表面有时产生黑色小点。

4. 枯水病

宽皮柑橘类的症状为果皮发泡，果皮与果肉分离，汁胞失水干枯；甜橙的症状为果皮不饱满，油胞凸出并失去光泽，严重时果面凹凸不平。

发生枯水病的主要原因是果实的白皮层结构疏松，其次是施氮偏多或施用激素不当，引起果皮增厚、变粗从而引起枯水病。

5. 水肿病

初期果皮失去光泽，由里向外渗出浅褐色斑点，后逐渐发展连成一片，严重时全果呈煮熟状，白皮层和维管束变为浅褐色，并与果肉分离，囊皮上出现许多白色小点，病果有异味。该病由低温或氧气不足、二氧化碳浓度过高引起，在库温3℃以下、库内二氧化碳浓度3%以上条件下最易发生，高湿会促使水肿病发生和蔓延。

6. 防治方法

（1）加强田间管理，在采收前喷药杀灭病菌，入贮前用500毫克/升的多菌灵或1 000毫克/升的甲基硫菌灵、200～250毫克/升的2，4-滴、500毫克/升的噻菌灵浸果。

（2）采收不宜过迟，轻摘轻放，避免损伤果实，减少病菌侵入的孔口。

（3）贮藏场所和盛果容器用紫外光照射或喷药消毒。

（4）改善贮藏条件，加强贮藏期管理，使温度、湿度、氧气和二氧化碳浓度等保持在适宜范围内，以免引发和加重病害。

二、柑橘主要虫害

（一）吸食枝叶汁液类害虫

1. 橘蚜

（1）危害症状。嫩梢被害后，叶片皱缩卷曲，严重的新梢枯死，并引发煤烟病，削弱树势。

（2）形态特征。无翅胎生雌蚜体长约1.3毫米，全体漆黑色，复眼红褐色，触角6节、灰褐色，足胫节端部及爪黑色，腹管呈管状，尾片乳突状、上生丛毛。有翅胎生雌蚜与无翅胎生雌蚜相似，翅2对、白色透明，前翅中脉分三叉，翅痣淡褐色。无翅雄蚜与雌蚜相似，全体深褐色，后足特别膨大。卵椭圆形，早期淡黄色，随后逐渐变为黄褐色，最后为漆黑色，有光泽。若蚜虫体褐色，复眼红黑色，有翅若蚜的蚜翅在第3、4龄时已明显可见。

（3）防治措施。

① 发生后及时喷施敌敌畏、吡虫啉、噻虫嗪、吡蚜酮等，农药最好交换轮喷。

② 保护和放养瓢虫等天敌。

此外，危害柑橘的蚜虫还有橘二叉蚜、棉蚜、绣橘蚜和桃蚜等，可用同法防治。

2. 黑翅粉虱

（1）危害症状。以若虫群集在叶背取食，形成淡黄色斑点，并诱发煤烟病，受害枝叶抽生少而短，果实产量和品质下降。

（2）形态特征。成虫橙黄色，体外覆盖薄薄的白粉，前翅灰褐色、有6个不规则白斑，后翅较小、淡紫褐色，体长0.96～1.30毫米，雄虫体型较小。蛹长椭圆形，黑色，有光泽。若虫共3龄，初卵若虫淡黄色、扁平长圆形，后变黑色，周围分泌白色蜡质。卵长椭圆形、弯曲、黄色，与叶面之间有一直立短柄。

（3）防治措施。

① 在若虫发生期喷施吡虫啉、毒死蜱、噻虫嗪、噻嗪酮等，交换喷施，每10～15天喷1次。

② 保护刺粉虱黑蜂、蚜小蜂、红点唇瓢虫、草蛉等天敌。

此外，柑橘粉虱、珊瑚粉虱、姬粉虱、双刺姬粉虱、马氏粉虱、柑橘木虱等均可用同法防治。

3. 介壳虫

（1）危害症状。以若虫和雌成虫取食枝叶和果实的汁液，树体被害后，枝条干枯，叶片出现黄色斑点，果实周围黄绿色、不能充分成熟，严重时导致树体死亡。

（2）形态特征。雌成虫的介壳较长，前狭后宽，末端稍窄，黄褐色或棕褐色，边缘灰白色，中央有1条明显的纵脊，长3.5毫米、宽1.5毫米；虫体长2.5毫米、宽1毫米，橙黄色。卵椭圆形，橙黄色。蛹长形，橙黄色，眼紫褐色。

（3）防治措施。

① 防治介壳虫的最佳时期是每年第一代幼虫或若虫刚孵化出来、背上没长蜡质介壳时。若此时期防治效果好，以后的虫口密度就大幅度降低。喷施的药剂可选用30%松脂酸钠水乳剂、矿物油、噻虫嗪、噻嗪酮等。

② 重剪虫枝，结合喷药加强肥水管理，增强树势，避免因虫害而导致早衰和减产。

③ 保护和放养日本方头甲、瓢虫、矢尖蚧蚜小蜂、花角蚜小蜂、黄金蚜小蜂、双带巨角跳小蜂等天敌。

4. 柑橘红蜘蛛

（1）危害症状。柑橘红蜘蛛又名瘤皮蜘蛛、桔全爪螨，吸食柑橘叶片、嫩梢、花蕾和果实的汁液。树体被害后，叶片失绿呈黄白色，失去光泽，光合作用能力降低，引起落叶；幼果出现淡绿色斑点，成熟果出现黄色斑点，品质下降；果蒂被害引起大量落果。

（2）形态特征。雌成虫近梨形，足4对，体长0.3～0.4毫米，最宽处0.24毫米，体色暗红；背部具白色刚毛12对，着生于瘤突上。雄成虫近楔形，体红色；背部具白色刚毛10对，着生于次瘤突上。卵圆球形，略扁平，红色，有光泽，直径约0.13毫米，卵上有梗，梗端有10～12条白色护丝。幼虫近圆球形，红色，足3对，体长约0.2毫米。若虫足4对，体长前期0.20～0.25毫米，后期0.25～0.30毫米。

（3）防治措施。

① 前期喷药防治，但尽量少用和不用剧毒农药，以免伤害天敌；中期放养天敌；后期保护天敌。天敌有食螨瓢甲、捕食螨、日本方头甲、蓟马、草蛉等。

② 前期喷施0.2～0.5波美度的石硫合剂，或乙螨唑、哒螨灵、炔螨特、唑螨酯、矿物油、四螨嗪，联苯肼酯、阿维菌素等。

③ 树下开沟施药，方法和用药量与防治根线虫病相同。

此外，四斑黄蜘蛛、跗线螨、锈壁虱、瘤壁虱等，也可采用相同方法防治。

5. 柑橘木虱

（1）危害症状。以成虫在嫩芽和叶背栖息取食，若虫危害嫩芽、吸食汁液，被害嫩梢萎缩，新叶畸形、卷曲、黄化、弱小。若虫分泌物能加重煤烟病，传播黄龙病和病毒病。

（2）形态特征。成虫体长约2.4毫米、宽约0.7毫米，全身青灰色，有灰褐色斑点，头顶凸出如剪刀状；触角10节，灰黄色；翅膀半透明；腹部棕黑色，足灰黄色。卵近梨形，橘黄色，顶端尖削，底部有短柄固定在嫩芽上。若虫初孵化时长圆形，暗黄色，能移动；老熟若虫体扁薄，形似盾甲，土黄色或草绿色，头扁平。

（3）防治措施。

① 利用化学药剂毒杀柑橘木虱；利用矿物油或植物挥发

油驱避柑橘木虱；利用昆虫天敌寄生或捕食柑橘木虱；利用虫生真菌侵染柑橘木虱；利用荧光黄板诱杀柑橘木虱。

② 加强土肥水管理，增强树势，促使抽梢整齐，可减轻柑橘木虱的发生和危害。

（二）危害叶片类害虫

1. 柑橘凤蝶

（1）危害症状。柑橘凤蝶又名橘黑黄凤蝶、金凤蝶、春凤蝶等，以幼虫啃食嫩叶，严重时新叶只剩下叶柄及中脉。

（2）形态特征。夏型成虫，体长27～28毫米，翅展约91毫米，体色暗黄色或淡黄绿色，胸、腹背面有黑带；前翅三角形，黑色，沿翅外缘有8个月牙形黄斑，后翅外缘有6个月牙形黄斑，中脉第3支脉向外延伸呈燕尾状，臂角上有橙黄色圆纹。春型成虫，体长21～24毫米，翅展69～75毫米。卵圆形、略扁，初产时淡黄色，孵化前淡紫色至黑色。初龄幼虫暗褐色，形似鸟粪；老熟幼虫绿色，体长47～48毫米，翻缩腺橙黄色。蛹淡绿色，长约30毫米。

（3）防治措施。

① 网捕成虫，手捉幼虫，摘除卵、蛹，集中烧毁或喂鸡等。

② 发生期喷施喹硫磷、敌敌畏、溴氰菊酯、甲氰菊酯等，杀灭幼虫。

③ 保护、释放赤小蜂、寄生蜂等天敌。

玉带凤蝶、达摩凤蝶等可用同法防治。

2. 袋蛾

（1）危害症状。袋蛾别名避债蛾、背包虫、口袋虫等，常见种类有大袋蛾、小袋蛾、茶袋蛾、白囊袋蛾等。以幼虫啃食叶片及嫩枝皮层，使嫩枝发黄枯死。也咬食幼果，严重影响植株生长和开花结果。

（2）形态特征。

① 大袋蛾。雌成虫体长22～30毫米，乳白色；雄成虫体

长15～20毫米，前翅近外缘有4块透明斑，体黑褐色，具灰褐色长毛。幼虫体长32～37毫米，头赤褐色，体黑褐色，胸部背面骨化，具2条棕色斑纹，腹部每节均有横皱。袋囊长约60毫米，灰黄褐色，丝质较疏松，外面常包有1～2片枯叶。

② 小袋蛾。雌成虫体长15～20毫米，米黄色；雄成虫体长15～20毫米，前翅具2个长方形透明斑，体、翅均为褐色，体具白色长毛。幼虫体长20～24毫米，具黑褐色网纹，头黄褐色，胸部各节背面具4条褐纵纹，中正2条明显。袋囊长约30毫米，以细碎叶片与丝织成，外层缀结平行排列的小枝梗。

③ 茶袋蛾。雌成虫体长6～8毫米，黑褐色；雄成虫体长约4毫米，体、前翅黑色，后翅底面银灰色、具光泽。幼虫体长约8毫米，头淡黄色，腹部乳白色，胸部各节背面具4条褐纵纹，有时褐斑相连成纵纹。袋囊长约10毫米，表面附有细碎叶片和枝皮，袋口系有1条长丝。

④ 白囊袋蛾。雌成虫体长约9毫米，淡黄色；雄成虫体长8～11毫米，前后翅透明，体灰褐色，具白色鳞毛。幼虫体长25～30毫米，红褐色，胸部背面有深色点纹，腹部毛片色深。袋囊长约30毫米，完全用丝织成，灰白色，丝质较密，不附叶片与枝梗。

（3）防治措施。

① 人工摘袋囊。人工摘除虫袋，集中销毁。

② 物理防治。利用成虫的趋光特性，设诱蛾灯，捕杀成虫。

③ 生物防治。保护、利用和放养寄生蝇。喷洒1亿～2亿孢子/毫升的苏云金杆菌。

④ 化学防治。7月上旬幼虫发生期，喷喹硫磷、杀铃脲、灭幼脲、敌百虫、敌敌畏1 000～1 500倍液，喷雾时应使袋囊充分湿润，以杀死袋内幼虫。

3. 潜叶蛾

（1）危害症状。潜叶蛾又名潜叶虫、绘图虫、鬼画符，危害新梢和嫩叶，以幼虫潜入叶表皮下蛀食，形成灰白色弯曲蛀道，被害叶严重卷曲。

（2）形态特征。成虫体长约2毫米，翅展约5毫米，虫体及前后翅均呈银白色，前翅梭形，后翅锥形。卵椭圆形，长约0.3毫米，乳白色，透明，底平，呈半圆形突起，卵壳光滑。老熟幼虫淡黄色，体长约4毫米，虫体扁平椭圆形，尾端具1对细长突起。蛹长约2.8毫米，梭形，黄色至黄褐色，小茧黄色。

（3）防治措施。

① 夏、秋季抹除抽生不整齐的枝梢并切断幼虫食物链，是防治此虫的关键措施。

② 发生期喷施溴氰菊酯、甲氰菊酯或杀铃脲、灭幼脲、杀虫双、阿维菌素等，杀灭幼虫。

4. 潜叶甲

（1）危害症状。以幼虫取食叶片、花蕾和果实，成虫将叶片啃食成缺刻状，或啃去叶肉，仅留下网状表皮，幼虫蛀食叶片后出现不规则虫道，虫道中虫便形成黑线，类似潜叶蛾的危害症状，但不卷叶。

（2）形态特征。成虫体长3.0～3.5毫米，卵圆形，头、前胸、足、鞘翅及腹部黑色，前胸背板布满小刻点，鞘翅上有11行纵列刻点，中、后足胫节各有1根刺，后足腿节膨大，触角丝状、11节。卵椭圆形，黄色，长0.68～1.86毫米。老熟幼虫长4.7～7.0毫米，黄色，头部浅黄色、边缘略红，腹部13节，各节呈前窄后宽的梯形，胸足灰褐色。蛹长3.0～3.5毫米，淡黄色至黄色。

（3）防治措施。

① 在成虫开始活动至一龄幼虫盛发期，每隔10～15天喷

施1次3 000倍的溴氰菊酯、甲氰菊酯、高效氯氟氰菊酯或1 000倍的杀铃脲、灭幼脲，杀灭幼虫。

② 及时清除枯枝落叶，集中烧毁，防止幼虫入土化蛹。

③ 初冬树下撒施喹硫磷、辛硫磷、二嗪磷、毒死蜱等颗粒剂，并浅耕入土中，毒杀土中幼虫和蛹。

5. 拟小黄叶卷蛾

（1）危害症状。以幼虫危害柑橘的嫩叶、嫩梢和幼果。幼虫常吐丝将叶片卷曲，或将嫩梢叶粘结一起，或将叶果粘结一起，躲在其中为害。

（2）形态特征。雌成虫体长约8毫米，黄色，翅展约18毫米，头部有黄褐色鳞毛，前翅前缘近基角1/3处有粗而浓的黑褐色斜纹横向后缘中部，后翅淡黄色。雄成虫体型略小，前翅有近方形的黑褐色斑，两翅并拢成六角形斑（雌成虫无）。卵初为淡黄色，呈鱼鳞状排成椭圆形卵块，孵化前可见幼虫黑色头部。初龄幼虫头部黑色，其余各龄为黄褐色，老熟时呈黄绿色。蛹黄褐色。

（3）防治措施。

① 冬季清除园中枯枝落叶和杂草，消灭越冬虫蛹，减少翌年虫源。

② 在幼虫发生期摘除卵块和幼虫，在盛发期喷1 000倍的敌敌畏、氰戊菊酯-马拉硫磷乳油、甲氨基阿维菌素、阿维菌素等，杀灭幼虫。

③ 4—6月卵盛发期放养天敌赤眼蜂。

此外，危害柑橘的小黄卷叶蛾和褐带长卷叶蛾，可用同样的方法防治。

6. 刺蛾

（1）危害症状。危害柑橘的刺蛾有青刺蛾、黄刺蛾、褐刺蛾、扁刺蛾、绿刺蛾等，均以幼虫将叶片啃食成缺刻状，严重时仅留下叶柄。

（2）形态特征。以青刺蛾为例，成虫体长 10～19 毫米，翅展 28～42 毫米；头、胸背面青绿色，腹部黄色，前翅青绿色，基角褐色，外缘有淡黄色宽带。卵扁平，长约 1.9 毫米，椭圆形，暗黄色。幼虫体长 21～27 毫米，淡绿色，老熟幼虫背面的 2 排刺毛呈橙红色，尾端有 4 个黑色瘤状突起。蛹体长 13～16毫米，纺锤形，黄褐色。茧栗棕色，有棕色毛，在林木附近的土中结茧。

（3）防治措施。

① 冬季清洁果园，打碎树上虫茧，减少翌年虫源。

② 在产卵期和幼虫孵化期，摘除产卵叶片和幼虫群集叶片，集中烧毁。

③ 利用成虫的趋光性，在成虫活动期设诱蛾灯诱捕成虫。

④ 幼虫发生期，喷施敌敌畏、辛硫磷、甲氨基阿维菌素、阿维菌素等，杀灭幼虫。

（三）危害枝干类害虫

1. 星天牛

（1）危害症状。星天牛别名脚虫、盘根虫。以幼虫钻入柑橘主干下部，蛀食木质部，造成大而深的蛀道，影响养分和水分输送，轻则使植株生长不良，重则导致死株。

（2）形态特征。成虫体长 19～39 毫米、宽 6～16 毫米，漆黑色，有金属光泽；复眼黑褐色；前胸背板中瘤明显，两侧各具粗大刺突，小盾片和足跗有灰色细毛；鞘翅基部密布颗粒状瘤突，背面具白色绒毛组成的小斑，每翅约 20 个，排列成不整齐的 5 横行，犹如晚间天空中的繁星，故名星天牛。雄成虫的触角超过体长的 1 倍，雌成虫的触角只超过体长的 1/4。卵长卵圆形，乳白色。幼虫淡黄色，前胸背有一个“出”字形斑纹。蛹初为乳白色，后呈暗褐色，长约 30 毫米。

（3）防治措施。

① 在晴天中午捕杀成虫。在 6—7 月产卵盛期，在主干上

寻找产卵口，剥杀卵和幼虫。

② 产卵期在产卵部位喷 3 000 倍的溴氰菊酯或甲氰菊酯，或 1 000 倍的高效氯氟氰菊酯，杀灭卵和幼虫。

③ 秋冬压蛀孔外有粪便，说明孔内有活的幼虫，用棉签蘸 400 倍的敌敌畏或毒死蜱后塞入蛀孔，外用软泥封严。

此外，褐天牛、绿橘天牛等均可用同法防治。绿橘天牛在蛀食小枝时，也可将被蛀枝剪下，连虫一起烧毁。

2. 柑橘窄吉丁

（1）危害症状。柑橘窄吉丁别名爆皮虫、绣皮虫，以幼虫蛀食树干和大枝皮层，受害部先出现流胶，继而树皮爆裂，使形成层中断，养分运输受阻，引起枝干枯死。橘和橙受害最重。

（2）形态特征。成虫体长 7～9 毫米，古铜色，有光泽；复眼黑色；触角锯齿状，11 节前胸背板和鞘翅上密布细皱纹，刻点细小；足 3 对，跗节 5 节，爪 1 对。卵扁平，椭圆形，初产时乳白色，后变橙黄色。老熟幼虫体长 16～21 毫米，扁平，口器黑褐色，胸部乳白色，前胸特别膨大，背面、腹面中央各有 1 条明显纵纹，中胸最小，腹部末节尾端有 1 对黑褐色尾叉。蛹扁锥形，初期乳白色，后变黄色。

（3）防治措施。

① 在成虫产卵期和幼虫孵化期，喷 3 000 倍的溴氰菊酯或甲氰菊酯，或 1 000 倍的杀铃脲、灭幼脲，着重喷产卵部位的枝干，以杀灭卵和幼虫。

② 冬季清除枝干上的苔藓和裂皮，保持枝干光滑，减少产卵缝隙。

③ 剪除被害严重的枯死枝干，集中烧毁，消灭其中的幼虫，以减少虫源。

3. 黑蚱蝉

（1）危害症状。黑蚱蝉又名黑蚱、知了，以成虫的产卵器将枝条的皮层锯成锯齿状或造成爪状卵窝，产卵其中，导致枝条缺少水分和养分而枯死。因产卵枝多为结果枝，故既影响当年产量又影响翌年结果。

（2）形态特征。雄成虫体长 44～48 毫米，翅展约 125 毫米，雌虫略小；体黑色有光泽，被金色细毛；复眼突出、淡黄色，头中央及额的上方有红黄斑纹，触角刚毛状，背面宽大且具有“X”形突起。雄虫腹部有 1～2 节鸣器，能鸣叫，翅透明，前足腿节发达有力；雌虫无鸣器，产卵器发达。卵细长、椭圆形，乳白色，稍弯曲。若虫体长约 35 毫米，黄白色，无鸣器和听器。

（3）防治措施。

① 秋末冬初，结合防治其他入土越冬害虫，在树盘上浇淋 50%的辛硫磷 500～600 倍液，以杀死土中若虫。成虫发生高峰期，用 20%的甲氰菊酯 2 000 倍液进行树冠喷雾，杀灭成虫。

② 若虫上树时，捕杀若虫，并网捕或粘捕成虫。

③ 6—7 月，夜间举火捕烧成虫。

④ 剪除产卵枝和干枯枝，集中烧毁，消灭卵巢中的卵粒。

（四）危害花类害虫

1. 花蕾蛆

（1）危害症状。花蕾蛆以成虫在花蕾上产卵，以幼虫蛀食花蕾。被害花蕾畸形、膨大、短弯，不能开放，影响开花结果。

（2）形态特征。雌成虫体长 1.5～1.8 毫米，翅展 42 毫米，暗黄褐色，全身布满黑褐色的柔软细毛；头扁圆，复眼黑色，无单眼；触角 14 节，细长；前翅膜质透明，被细毛，强光下有金属光泽。雄成虫体长 1.2～1.5 毫米，体灰黄色。卵无色透明，长椭圆形，长约 0.16 毫米，卵外包 1 层胶质。老熟幼虫黄白色，入土时带橘红色，前胸腹面有 1 个黄褐色的“Y”形剑骨干。蛹淡灰黄色，体外有1层透明的胶质蛹壳。

（3）防治措施。

① 在初冬或成虫羽化的3月，树下浇淋50%的辛硫磷500～600倍液，浅耕入土，消灭土中若虫或羽化后未出土的成虫。

② 在现蕾初期，用3 000倍的甲氰菊酯、溴氰菊酯，或1 000倍的灭幼脲、甲氨基阿维菌素、阿维菌素等喷施花蕾，杀灭卵粒和刚孵出的幼虫；摘除被害花蕾，集中烧毁。

2. 蓟马

（1）危害症状。以成虫和若虫吸食花瓣、花梗的汁液，使花朵、花梗萎缩，导致落花落果，影响产量；同时也危害苗圃幼苗。

（2）形态特征。成虫橙黄色，体表有细毛，触角8节，头上有长毛，前翅有1条纵脉。卵肾脏形，极小。

（3）防治措施。开花前和谢花后各喷施1次啶虫脒、乙基多杀菌素、呋虫胺或噻虫嗪等。花期不要喷药，以免毒死或驱赶授粉昆虫。

（五）危害果实类害虫

1. 柑橘大/小实蝇

（1）危害症状。柑橘大/小实蝇严重危害柑橘的果实，主要以幼虫蛀食果肉，形成蛆果，造成果实腐烂，引起果实早期脱落。

（2）形态特征。

① 柑橘大实蝇。雄成虫的腹部第五块腹板后方向内凹陷；雌成虫产卵管针突长约3.6毫米，末端呈尖锐状。幼虫共3龄，其中三龄老熟幼虫形状似蛆，体型肥大，呈乳白色至乳黄色，体长15～16毫米，体节11节。卵乳白色，呈长椭圆形，长1.52～1.60毫米，表面平整光滑，没有花纹，一端稍尖，另

一端较钝，端部较透明，中部略弯曲。蛹呈黄褐色、椭圆形，羽化前多呈黑褐色，长8～10毫米。

② 柑橘小实蝇。成虫头黄色或黄褐色，肩胛、背侧胛完全黄色，小盾片除基部有一黑色狭缝带外均为黄色；翅前缘带褐色，伸达翅尖，较狭窄；臀条褐色，不达后缘；足大部分黄色；腹部棕黄色至锈褐色。幼虫共3龄，三龄老熟幼虫长7～11毫米，头咽骨黑色，前气门具9～10个指状突，肛门隆起明显突出，全部伸到侧区下缘，形成一个长椭圆形后端。卵乳白色，菱形，长约1毫米，宽约0.1毫米，精孔一端稍尖，尾端较钝圆。蛹椭圆形，长4～5毫米，宽1.5～2.5毫米，初化蛹时呈乳白色，逐渐变为淡黄色，羽化时呈棕黄色，前端有气门残留的突起，后端气门处稍收缩。

(3) 防治措施。

① 诱杀成虫。用糖酒醋液、性诱剂、诱虫板3种方式诱杀成虫。

糖酒醋液诱杀成虫：可用红糖4份、白酒1份、醋3份、水10份，加少量敌百虫制成糖酒醋液，利用废弃矿泉水瓶，在矿泉水瓶的中上部开1个长5厘米、宽3厘米的开口，制成简易的诱捕罐，每瓶装糖酒醋液30毫升左右，挂在果树中部约1.5米高的树枝上，每10株挂1个，每15天换1次毒饵。

性诱剂诱杀成虫：在诱捕器的诱芯上滴入性诱剂，每亩果园悬挂5个诱捕笼，据当时当地气候每1～2周补充1次性诱剂。

诱虫板诱杀成虫：用规格20厘米×25厘米的黄色诱虫板，每亩挂15片，挂在果树中部约1.5米高的树枝上，每15天更换1次。

② 捡除虫果。8—10月，捡除虫果，利用饲料粉碎机器将其捣碎喂养家禽，或者直接倒入粪坑，堆沤为农家肥，达到

减少虫源的目的。

③ 翻耕灭蛹。因地制宜开展翻耕灭蛹技术。在冬季或早春结合深翻改土和施肥，深翻 20～30 厘米的园土，以杀死越冬蛹，降低虫口基数。

④ 地面封杀。在果园覆盖地膜或者无纺布，根据大/小实蝇发生规律，3—4 月在林下覆盖地膜。一是可保持土壤水分；二是增加土壤湿度，创造缺氧等条件，不利于蛹羽化；三是大/小实蝇羽化后受地膜的阻挡不能及时地交配产卵，起到地面封杀作用，同时阻隔老熟幼虫入土化蛹。

2. 嘴壶夜蛾

（1）危害症状。嘴壶夜蛾又名桃黄褐色夜蛾，以成虫吸食果实的汁液，果实被害后，果肉呈网状、变软，随之发出酒臭味，腐烂脱落，严重影响品质和产量。

（2）形态特征。成虫体长 17～20 毫米，翅展 36～40 毫米。雌成虫前翅紫红褐色，触角丝状；雄成虫前翅赤褐色，触角 2 节、齿状。卵扁球形，长约 0.76 毫米，宽约 0.69 毫米。老熟幼虫体长约 38.71 毫米，体表漆黑色，背面各节黄色斑纹处有白色或橙红色斑点，大小、数目不等，呈 2 行纵向排列，第 6～11 节气门两侧各有 6 个红色小点，腹面各节每对黄色斑纹之间具黄色小点，呈 2 行纵向排列。蛹长约 17.4 毫米。

（3）防治措施。

① 新建的山地或近山地的橘园，尽量栽晚熟品种，且品种不宜过多，不要早、中、晚熟混栽或多个品种混栽。

② 果实套袋。早熟品种在 8 月中下旬进行果实套袋，套袋前先喷 1 次 70％的甲基硫菌灵 800～1 000 倍液，以免在套袋期间发生锈壁虱和炭疽病等病虫害。

③ 用糖酒醋液挂瓶或泡果诱杀成虫，配方和做法见柑橘大/小实蝇的防治。

柑橘种植和贮藏过程中的主要虫害

虫害名称	分类	取食方式	危害部位
橘蚜	半翅目蚜科	吸食	嫩梢、叶片
黑翅娄虱	半翅目娄虱科	吸食	枝梢、叶片
介壳虫	半翅目蚧科	吸食	枝梢、叶片、果实
柑橘红蜘蛛	真螨目叶螨科	吸食	叶片、嫩梢、花蕾、果实
柑橘木虱	半翅目木虱科	吸食	嫩芽、叶片
柑橘凤蝶	鳞翅目凤蝶科	啃食	嫩叶
袋蛾	鳞翅目蓑蛾科	啃食	叶片及小枝皮层
潜叶蛾	鳞翅目潜叶蛾科	蛀食	嫩叶、新梢
潜叶甲	鞘翅目叶甲科	幼虫蛀食、成虫啃食	叶片、花蕾、果实
拟小黄叶卷蛾	鳞翅目卷叶蛾科	啃食	嫩叶、嫩梢、幼果
刺蛾	鳞翅目刺蛾科	啃食	叶片
星天牛	鞘翅目天牛科	蛀食	主干木质部
柑橘窄吉丁	鞘翅目吉丁虫科	蛀食	树干和大枝皮层
黑蚱蝉	半翅目蝉科	蛀食	枝干皮层
花蕾蛆	双翅目瘿蚊科	蛀食	花蕾
蓟马	缨翅目蓟马科	吸食	花瓣、花梗
柑橘大/小实蝇	双翅目实蝇科	蛀食	果实
嘴壶夜蛾	鳞翅目夜蛾科	吸食	果实

柑橘主要虫害

附表　柑橘栽培管理作业历

柑橘产量的高低、品质的好坏除与品种和栽培区域有关外，还与栽培管理技术密切相关。特定的栽培品种，在一定栽培区域，周年管理决定着种植者有无收益和收益的多少。云南柑橘园的周年管理可参考下表，但因柑橘种类丰富、品种多样，且各地气候差异明显，在管理中需要根据所栽品种的物候期灵活应用。

云南柑橘园周年管理作业历

月份	物候期	管理作业内容要点
1月	相对休眠期及花芽分化期	1. 制订柑橘园年度管理计划，突出重点，可促进早产、丰产、优质和高效。 2. 积肥、堆肥，整理排灌设施，干旱时灌水。 3. 预防冻害，若已受冻，要及时抢救。 4. 清除杂草、枯枝落叶，喷 0.8 波美度的石硫合剂，树干涂白。 5. 剪除病虫枝、枯枝。 6. 药剂防治或人工捕杀吹绵蚧
2月	花芽分化期及萌芽期	1. 晚熟柑橘园清洁田园，修剪，喷 0.8 波美度的石硫合剂。 2. 施催芽肥。结果树以氮肥为主，施人畜粪水 50 千克/株＋尿素 0.25 千克/株。 3. 当新梢萌动 0.10～0.25 厘米时喷 0.5%的波尔多液和 1 000 倍的甲基硫菌灵，同时注意防治红蜘蛛、黄蜘蛛。 4. 天旱时灌水

（续）

月份	物候期	管理作业内容要点
3月	抽梢、现蕾期，根系首次生长高峰期	1. 苗木定植和补栽（云南以秋植效果好）。 2. 继续上月施肥，并翻压绿肥，行间套种绿肥或蔬菜。 3. 园中灌水防旱。 4. 防治红蜘蛛、黄蜘蛛、蚜虫。每隔10天左右可用阿维菌素、乙螨唑、哒螨灵、炔螨特、唑螨酯、矿物油喷2～3次。 5. 晚熟品种采后整形修剪。 6. 育苗
4月	从初花期到盛花期	1. 花期树体管理。防春旱，雨季来临前理好排水沟和背沟；花前喷1～2次0.1%～0.5%硼砂，或0.1%～0.5%硼砂+0.3%尿素+0.2%磷酸二氢钾；园中放蜂。 2. 花期防治红蜘蛛、黄蜘蛛、花蕾蛆和疮痂病。 3. 苗圃管理
5月	首次生理落果期，夏梢抽生期	1. 树体管理。中耕除草，加强早熟、特早熟品种肥水管理。 2. 花果管理。施保果肥，喷0.2%磷酸二氢钾+0.3%尿素+芸苔素内酯（云大120）混合液保果。 3. 生长盛期防治锈壁虱，捕杀天牛成虫以防止其产卵，防介壳虫及流胶病。 4. 砧木苗移栽
6月	第二次生理落果期，夏梢抽生期，根系第二次生长高峰期	1. 树体管理。中耕除草，覆盖黑色地膜或秸秆保温；施钾肥壮果。 2. 夏季枝梢管理。 3. 花果管理。疏花疏果，果实套袋。 4. 生长盛期防治红蜘蛛、黄蜘蛛、锈壁虱、天牛、介壳虫、潜叶蛾及流胶病。 5. 苗圃地管理

（续）

月份	物候期	管理作业内容要点
7月	果实膨大期，根系第二次生长高峰期	1. 树体管理。中耕除草，翻埋夏季绿肥；中晚熟品种施壮果肥，以磷钾肥为主。 2. 苗圃地肥水管理。 3. 继续防治红蜘蛛、黄蜘蛛、介壳虫、潜叶蛾及流胶病。 4. 注意雨季排水
8—9月	果实膨大期，特早熟品种果实快速生长期，秋梢萌发期，花芽分化期	1. 树体管理。继续施用壮果肥，特晚熟品种可施壮果促梢肥；可对结果树和未结果树采用撑、拉、吊，缓和树势，促进花芽分化；环割促花、抹芽养梢和控制晚秋梢。 2. 花果管理。可采收秋、冬花的柠檬果；每2～3天清除1次落果、病果。 3. 生长后期防治介壳虫及流胶病。 4. 苗木出圃，制定秋季建园计划，苗木秋季定植。 5. 雨季防涝
10月	果实成熟期，根系第三次生长高峰期	1. 早熟品种依据用途和成熟特征，分级适时采收。 2. 早熟品种宜在采后1周内施采果肥，以有机肥为主，应重施。每株施腐熟有机肥30～50千克+磷钾复合肥1.5千克+尿素0.25千克；或每株施80～100千克粪水。 3. 加强土壤管理。深翻熟化、pH调整、合理间作、培土与覆盖等。 4. 播种冬季绿肥。 5. 育苗准备

（续）

月份	物候期	管理作业内容要点
11月	果实成熟期，根系第三次生长高峰期，冬梢萌发期	1. 早中熟及中熟品种（如甜橙、红橘）采收。 2. 柑橘贮藏保鲜及防治贮藏期间病虫害。 3. 早中熟及中熟品种施采果肥。采后1周内，以速效肥、迟效肥相结合，无机肥、有机肥相结合，氮、磷、钾肥配合施用，占全年施肥量的30%。株施腐熟有机肥25～30千克＋尿素0.3～0.4千克＋磷钾复合肥1.5～2.0千克＋饼肥1.5～2.0千克
12月	果实成熟期，花芽分化期	1. 晚熟品种采收。 2. 树盘覆盖薄膜、稻草或撒播绿肥籽，防除果园杂草。 3. 树干涂白（常用生石灰5千克＋硫黄粉250克＋食盐100克＋兽油10克＋清水适量调成糊状）。全园喷施1.0～1.5波美度的石硫合剂，或选用机油乳剂1千克＋水100千克，或选用20%四螨嗪100克＋机油乳剂500克＋水75千克，全园喷施效果更佳。 4. 冬季灌水。 5. 冬季整形修剪。 6. 制订春季建园计划

参考文献

陈忠杰，2005. 果树栽培学各论（南方本）[M]. 北京：中国农业出版.

郭文武，邓秀新，1998. 柑橘黄龙病及其抗性育种研究（综述）[J]. 农业生物技术学报，6（1）：37-41.

何天富，1999. 柑橘学 [M]. 北京：中国农业出版社.

胡正月，2009. 柑橘优质丰产栽培 300 问 [M]. 北京：金盾出版社.

罗国光，2007. 果树词典 [M]. 北京：中国农业出版社.

沈兆敏，1999. 中国果树实用新技术大全（常绿果树卷）[M]. 北京：中国农业大学出版社.

汪志辉，汤浩茹，2008. 柑橘精细管理十二个月 [M]. 北京：中国农业出版社.

王洪祥，陈国庆，林荷芳，等，2002. 柑橘病虫害的发生态势及防治对策 [J]. 中国南方果树，31（4）：13-15.

吴兴恩，范眸天，龚洵，等，2006. 22 份柑橘资源的 ISSR 分析 [J]. 云南农业大学学报，21（1）：36-41，51.

郗荣庭，1995. 果树栽培学（总论）[M]. 3 版. 北京：中国农业出版社.

肖健民，1996. 柑橘病虫害防治彩色图谱 [M]. 长沙：湖南科学技术出版社.

俞德俊，1979. 中国果树分类学 [M]. 北京：农业出版社.

张显努，马钧，2009. 云南果树栽培新技术 [M]. 昆明：云南科技出版社.

张兴旺，1994. 云南果树栽培实用技术 [M]. 昆明：云南科技出版社.

张志恒，2000. 柑橘病虫害的综合防治技术 [J]. 浙江柑橘，17（4）：14-15.

中国柑橘学会，2008. 中国柑橘品种 [M]. 北京：中国农业出版社.

中国农业科学院，1987. 中国果树栽培学［M］. 北京：农业出版社.

中华人民共和国农业部，2009. 柑橘技术 100 问［M］. 北京：中国农业出版社.

钟瑞芳，王仕玉，梁明清，等，2001. 富民枳的生物学特性及利用价值研究初报［J］. 云南农业大学学报，16（3）：244-246.

周开隆，叶荫民，2010. 中国果树志・柑橘卷［M］. 北京：中国林业出版社.

图书在版编目（CIP）数据

柑橘优质栽培技术 / 杨学虎主编．—北京：中国农业出版社，2021.1
（中国工程院科技扶贫职业教育系列丛书）
ISBN 978-7-109-27841-7

Ⅰ.①柑…　Ⅱ.①杨…　Ⅲ.①柑桔类果树－果树园艺　Ⅳ.①S666

中国版本图书馆 CIP 数据核字（2021）第 020110 号

柑橘优质栽培技术
GANJU YOUZHI ZAIPEI JISHU

中国农业出版社出版
地址：北京市朝阳区麦子店街 18 号楼
邮编：100125
责任编辑：高　原　赵钰洁
版式设计：杜　然　　责任校对：吴丽婷
印刷：中农印务有限公司
版次：2021 年 1 月第 1 版
印次：2021 年 1 月北京第 1 次印刷
发行：新华书店北京发行所
开本：850mm×1168mm　1/32
印张：2.75
字数：60 千字
定价：15.00 元